Berdiyar Jolybekov

Impacto das tecnologias bio-intensivas na fertilidade dos solos salinos

Berdiyar Jolybekov

Impacto das tecnologias bio-intensivas na fertilidade dos solos salinos

ScienciaScripts

Imprint

Cover image: www.ingimage.com

This book is a translation from the original published under ISBN 978-3-659-82360-2.

Publisher:
Sciencia Scripts
is a trademark of
Dodo Books Indian Ocean Ltd. and OmniScriptum S.R.L publishing group

120 High Road, East Finchley, London, N2 9ED, United Kingdom
Str. Armeneasca 28/1, office 1, Chisinau MD-2012, Republic of Moldova, Europe
Managing Directors: Ieva Konstantinova, Victoria Ursu
info@omniscriptum.com

Printed at: see last page
ISBN: 978-620-8-51322-1

Índice

Introdução 2

Capítulo 1. Estado atual do estudo da fertilidade dos solos aluviais de prados irrigados no curso inferior do rio Amudarya (revisão da literatura) 5

Capítulo 2. Objectos e métodos de investigação 15

Capítulo 3. Estado químico atual da água potável e de irrigação nas condições da cidade de Nukus 26

Capítulo 4. Efeito de diferentes métodos de irrigação no teor de sais solúveis em água de solos salinos aluviais de prados irrigados 31

Capítulo 5. Influência de diferentes métodos de irrigação e da tecnologia biointensiva na fertilidade de solos salinos aluviais de prados irrigados 39

Capítulo 6. Influência de diferentes métodos de irrigação e da tecnologia biointensiva no teor de matéria orgânica de solos salinos aluviais de prados irrigados 50

Capítulo 7. Efeito de diferentes métodos de irrigação e da tecnologia biointensiva nos rendimentos do tomate e da beringela 57

Conclusões 61

Propostas para a produção 63

Literatura 64

Introdução

Relevância do tema. A preservação e o aumento da fertilidade dos solos, a melhoria do estado de conservação dos solos salinos irrigados, bem como a utilização económica da água de irrigação, especialmente em condições de défice, são os principais problemas da ciência agrícola moderna.

A partir de 2000, devido ao baixo nível da água, a agricultura começou a diminuir. Apenas foram semeados trigo - 58,3; legumes - 0,5; melões - 0,3 mil hectares. Houve um enorme prejuízo para o ambiente e para a vida social e económica da região. Além disso, há consequências negativas que afectam fortemente a qualidade dos produtos agrícolas e a saúde das pessoas.

Como resultado da irrigação com água mineralizada, os solos irrigados no território da República de Karakalpakstan estão sujeitos a salinização secundária e salinização, em resultado da qual uma enorme área de terra cultivada está fora da rotação agrícola, o que, por sua vez, requer o desenvolvimento de tecnologias não padronizadas para combater esses fenómenos negativos.

Um desses métodos é a tecnologia biointensiva - uma forma especial de agricultura, a agrocultura, em que não são necessários fertilizantes químicos ou pesticidas para o cultivo de culturas. Centra-se em métodos para fornecer ao solo todos os componentes necessários. Permite-lhe criar um solo saudável apenas com os recursos da sua própria propriedade. Esta tecnologia permite obter mais de 2 a 6 vezes mais rendimento do que a agricultura convencional. O método bio-intensivo reduzirá as taxas de água em 70-80%, as taxas de fertilizantes em 50% a 100% e as taxas de energia em 99% (Jevons,1993).

Neste contexto, a questão da aplicação de vários métodos de irrigação que poupam água e de tecnologias bio-intensivas no curso inferior do Amudarya é de importância primordial. Esta situação é causada pela escassez aguda de água de irrigação e pelo elevado custo dos fertilizantes minerais, pelo impacto global e negativo da qualidade da água de irrigação no estado de recuperação dos solos irrigados e na sua fertilidade.

O volume anual de estrume e de outras formas de fertilizantes orgânicos no Usbequistão não ultrapassa aproximadamente 8 toneladas por hectare de terra irrigada. Este volume é insuficiente para obter rendimentos elevados de produtos hortícolas e outras culturas.

A procura e a criação de novas tecnologias de poupança de água e de bio-intensivos, cuja aplicação contribuirá para a utilização económica da água de irrigação, para o aumento da fertilidade através da melhoria do estado de conservação do solo e para o aumento do rendimento das culturas hortícolas, será um passo significativo na resolução do problema acima mencionado.

Foram efectuados vários estudos no estrangeiro sobre a aplicação de métodos biointensivos. Os resultados dos ensaios de campo mostraram que as culturas hortícolas com a aplicação de tecnologias biointensivas crescem duas vezes mais depressa do que no controlo, o rendimento aumenta devido à melhoria das propriedades agroquímicas e agrofísicas do solo.

No Uzbequistão, a produção de composto a partir de resíduos domésticos utilizando o método D. Jevons foi iniciada por investigadores individuais após 1995 em algumas parcelas de herdades e dacha.

Atualmente, existe alguma experiência positiva na utilização conjunta e separada de tecnologias de poupança de água e de biointensivos. No entanto, muitas questões como os métodos de irrigação, o tratamento do solo, a produção de composto a partir de resíduos domésticos, a utilização de garrafas de plástico e de mangueiras de imersão como irrigadores estão pouco desenvolvidas.

Por conseguinte, o estudo sobre a revelação da influência de diferentes métodos de irrigação e técnicas biointensivas na fertilidade de solos salinos aluviais de prados irrigados é relevante e tem interesse científico e prático. Em ligação com o acima exposto, a questão da aplicação de vários métodos de irrigação economizadores de água e de tecnologias biointensivas nas zonas baixas de Amudarya, em condições de escassez aguda de água de irrigação e da sua má qualidade, bem como o elevado custo dos fertilizantes minerais, o impacto abrangente e negativo da qualidade da água de irrigação no estado de recuperação dos solos irrigados e da sua fertilidade, é de importância prática e científica primordial, o que determina a relevância deste trabalho.

Objetivo e objectivos do estudo. O principal objetivo deste trabalho é estudar o impacto de diferentes métodos de irrigação e de tecnologias biointensivas na fertilidade de solos salinos irrigados no curso inferior do Amu Darya, bem como o desenvolvimento de um sistema de irrigação economizador de água a partir de resíduos domésticos, que permita aumentar a produtividade de solos salinos irrigados e o rendimento das culturas hortícolas.

Para atingir o objetivo, era necessário realizar as seguintes tarefas

- estudar o estado químico atual da água de irrigação e da água potável na jusante de Amudarya;
- revelar a influência de diferentes métodos de irrigação e da tecnologia biointensiva no teor de sais solúveis em água, na matéria orgânica e na fertilidade de solos aluviais de prados irrigados sujeitos a salinização;
- estudar o efeito de diferentes métodos de irrigação e da tecnologia biointensiva nos rendimentos do tomate e da beringela;
- Desenvolver tecnologias bio-intensivas e de poupança de água para aumentar a produtividade
  solos salinos irrigados e culturas hortícolas.

A novidade científica e o valor prático do trabalho é o facto de, pela primeira vez, em solos salinos aluviais de prados irrigados, se ter revelado a eficácia de uma tecnologia de poupança de água e biointensiva desenvolvida pelo autor (a utilização de resíduos domésticos à base de garrafas de plástico no sistema de irrigação) sem análogos, tanto no nosso país como no estrangeiro.

Foi determinado o efeito de diferentes métodos de irrigação no estado de conservação, na fertilidade do solo e no rendimento das culturas hortícolas. Com base nos dados experimentais obtidos, são apresentadas conclusões cientificamente fundamentadas e propostas para a produção.

Capítulo 1. Estado atual do estudo da fertilidade dos solos aluviais de prados irrigados no curso inferior do rio Amudarya (revisão da literatura)

O estudo da fertilidade do solo, sua reprodução e estimativa do teor de húmus foram em diferentes épocas estudados por N.I. Zimina (1955,1961); K.A.Kachinsky (1956,1963); N.K. Balyabo (1961); J.Y. Batkaev (1962), J. Cook (1970); V.G. Loshakov, S.F. Ivanova (1975); L.L. Shishov, D.N. Durmanov (1985); M.V. Mukhamedjanov (1986).

Os resíduos vegetais são uma fonte completa de acumulação de matéria orgânica. São os resíduos orgânicos frescos que influenciam grandemente a fertilidade efectiva (Kononova, 1963).

Os dados obtidos pelos cientistas provam que os adubos verdes não se acumulam, mas mantêm o teor de húmus no solo ao nível inicial.

Dados de experiências realizadas nas condições da Bielorrússia (Dovan, 1990) mostram que as leguminosas sideradas aumentam significativamente o teor de azoto no solo. A sideração não pode ser considerada unilateralmente, ou seja, apenas como uma fonte de fertilizante azotado ou de matéria orgânica, pois tem um efeito complexo.

De acordo com E.K. Alekseev (1959), D.N. Prokopov (1976), V.F. Trushina (1969), um método altamente eficaz para aumentar a fertilidade do solo é também o armazenamento de adubos verdes (sideratos), cuja utilização é possível tanto nas culturas principais como nas intermédias.

Nas experiências de Kusselevski Z. (1973) em parcelas fertilizadas com estrume a longo prazo, o teor de carbono dos compostos orgânicos no solo aumentou.

De acordo com T.V. Tyulin (1960), com o aumento do teor de húmus no solo, há uma tendência para aumentar o número de agregados estáveis à água no solo.

Sob a influência da aplicação de fertilizantes, agrotecnia adequada, rotações de culturas, o conteúdo de húmus nos solos aumenta (Ryzhov, Ziyamukhamedov, 1971; Fursov, 1966).

M.M. Kononova (1960,1963) atribui uma importância excecional à fertilidade do solo, dependendo da estrutura do solo e da natureza das substâncias húmicas. A matéria orgânica do solo desempenha um papel complexo e diversificado na formação e desenvolvimento da fertilidade do solo. A matéria orgânica determina, em grande medida, a direção dos processos de formação do solo e as propriedades bioquímicas, químicas e físicas dos solos.

Os processos cíclicos anuais de síntese e de mineralização lenta da matéria orgânica fresca e do húmus conduzem ao fornecimento sistemático dos elementos mais importantes da nutrição vegetal: azoto, fósforo, enxofre, potássio, cálcio, oligoelementos para as soluções do solo sob a forma de compostos minerais disponíveis.

As substâncias orgânicas influenciam a acidez e o potencial redox dos solos. São reguladores da nutrição mineral das plantas. Os macro e microorganismos que habitam o solo retiram da matéria orgânica do solo a energia e os compostos minerais necessários à sua existência.

A matéria orgânica do solo é um acumulador universal e um distribuidor económico da parte mais valiosa da energia necessária para a troca normal e o ciclo de substâncias na natureza.

Por conseguinte, a preservação e a acumulação de formas efectivas de matéria orgânica nos horizontes aráveis e subsuperficiais dos solos através da aplicação de fertilizantes orgânicos e da sementeira de gramíneas é uma questão urgente.

De acordo com os estudos de Minashina N.G. (1974), o maior aumento de húmus ocorreu na camada arável e subsolo até 40 cm de espessura. O teor de húmus na camada de 0-20 cm aumentou 3 vezes, em média, para todos os solos, incluindo os solos irrigados com luz em erupções cutâneas.

O teor de húmus nos solos depende de muitos factores: da idade de desenvolvimento, da composição mecânica dos solos, das condições hidrogeológicas, da intensidade da agricultura de regadio, do nível de cultura, do tipo de plantas agrícolas, do tipo de fertilizantes utilizados, etc.

O processo de acumulação de húmus tem uma certa estabilidade para cada uma das condições de humidade e utilização. No interior da camada arável, o processo de transformação da matéria orgânica processa-se a uma velocidade diferente e tem tempo para se manifestar durante uma estação (Minashina, 1974).

Nos trabalhos de L.S. Baimatova e L.N. Slesareva (1990) foi estabelecido que, no contexto da lavoura da luzerna a uma profundidade de 40 cm, a diminuição da fração de torrões e o aumento dos agregados de valor agronómico foram, respetivamente, de 7,9 e 3,8 %.

A poluição antropogénica do ambiente é atualmente de grande dimensão (Zhollybekov 1995, 1997, 2000, Jevons 1993, Zhollybekov 1996, Richardson 1988, Jollibekov 2005).

A agricultura de regadio na República do Usbequistão tem vindo a desenvolver-se recentemente devido à introdução de novas terras no volume de negócios agrícola. A este respeito, a área de terras irrigadas em Karakalpakstan atingiu 501,9 mil hectares. Consequentemente, a produção de algodão em bruto, arroz e outros produtos agrícolas aumentou drasticamente (Zhollybekov, 1996).

Desde 2000, devido ao colapso das águas baixas, começou o declínio da agricultura. O ambiente, a vida social e económica da região e o trauma moral da população sofreram enormes danos. Além disso, surgiram consequências negativas, que afectam fortemente a qualidade dos produtos agrícolas e a saúde das pessoas (Zholybekov 2000).

Como resultado da irrigação com água mineralizada, os solos irrigados na República de Karakalpakstan estão sujeitos a salinização secundária. Como consequência, uma enorme área de terra cultivada torna-se não fértil e sai da rotação agrícola (Zhollibekov 1997).

Nos últimos 50 anos, o território do Priaralie meridional, devido ao aumento da dureza, da mineralização e da quantidade de sais solúveis em água nas águas do rio Amu Darya, os solos irrigados tornaram-se universalmente salinos (Jolybekov 1995). Em consequência, em 2001, apenas foram produzidas 111 600 toneladas de algodão em bruto e 1 058 toneladas de arroz em bruto, o que, por sua vez, conduziu ao desemprego em massa.

Todos os anos, poucos resíduos vegetais permanecem nos solos antropogénicos, o que leva a uma redução gradual do húmus e dos elementos nutritivos neles contidos. Tendo em conta este facto, é necessário desenvolver um sistema de aplicação de fertilizantes orgânicos (Sattarov et al. 2001).

Nas províncias de Surkhandarya, Kashkadarya, Bukhara e Navoi, bem como na República de Karakalpakstan, desde 1987-1988, tem-se registado um declínio na produtividade das terras irrigadas e da água de irrigação. Este facto é evidenciado pelo declínio gradual dos rendimentos de todas as culturas (Yakubov e Kudratov, 2001).

Nas condições de Karakalpakstan, com a aplicação da rotação de culturas algodão-alfafa, na camada arável do solo, devido à acumulação de grande massa de pequenas raízes, o teor de húmus aumentou 2,8-9,3 %. Com a aplicação adicional de estrume à taxa de 40 toneladas/ha, no 4º ano de algodão após a lavoura de luzerna, o teor de húmus no solo aumentou 15,8-18,2% (Ismailov, Zhollibekov, 2003).

A questão da preservação e do aumento do húmus do solo é premente nas condições do Karakalpakstan, onde a secura e as temperaturas elevadas e a escassez de vegetação limitam a formação de húmus.

A tecnologia biointensiva é uma forma especial de agricultura biológica que não requer a utilização de fertilizantes químicos ou pesticidas para o cultivo de plantas. Centra-se em métodos para fornecer ao solo tudo o que ele precisa para a sua saúde e que podem ser totalmente sustentáveis. A tecnologia biointensiva cria um solo saudável apenas a partir dos recursos da sua própria propriedade. Esta tecnologia proporciona 2 a 6 vezes mais rendimento do que a agricultura química mecanizada. O método biointensivo reduzirá as taxas de água em 70-80%, as taxas de fertilizantes em 50% e até 100%, e as taxas de energia em 99% (Jevons 1993).

Na China, a agricultura foi "miniaturizada" de forma semelhante há mais de 4.000 anos. Durante vários milénios, as culturas foram aí cultivadas, espaçando densamente as plantas, mas mantendo a fertilidade do solo e não destruindo os seus recursos. Em 1890, isto permitia aos camponeses chineses cultivar uma dieta completa para uma pessoa numa área de 540 a 670 metros quadrados, incluindo os produtos da pecuária então existente.

As formas de agricultura em miniatura foram desenvolvidas, de forma independente, há 2000 anos em vários países - Grécia, Bolívia, Peru, Nepal, Guatemala, México e Japão.

Os franceses foram os primeiros a adotar o método intensivo, utilizando apenas fertilizantes orgânicos. Os métodos de agricultura intensiva biodinâmica e francesa surgiram na Europa no final do século XX e no início do século XX. Os métodos de cultivo intensivo franceses foram testados na década de 1890 numa parcela de cerca de um hectare de terreno perto de Paris. As culturas eram efectuadas em estrume de cavalo com cerca de meio metro de espessura. As plantas eram cultivadas muito próximas umas das outras, de modo que, à medida que cresciam, as suas folhas tocavam-se. Isto criou um microclima e uma camada de cobertura vegetal viva, que inibiu o crescimento de ervas daninhas e armazenou a humidade no solo.

No início dos anos 20, os métodos biodinâmicos foram desenvolvidos por Rudolf Steiner, um brilhante pensador, filósofo e educador austríaco. Steiner observou um declínio no valor nutricional das culturas e algumas reduções nos rendimentos e concluiu que tal se devia à utilização de fertilizantes químicos e pesticidas. Verificou que, ao mesmo tempo, aumentava o número de culturas afectadas por doenças e pragas de insectos. Até os gregos antigos, há dois mil anos, notaram que as plantas se desenvolvem particularmente bem nos deslizamentos de terras. O ar, a humidade, o calor, os nutrientes e as raízes penetram facilmente no solo solto. Os agricultores que utilizam a metodologia biointensiva fazem canteiros elevados com uma forma semelhante à dos deslizamentos de terras. Nesta altura, os agricultores e jardineiros fazem filas de 15 cm de largura com um grande espaço entre filas. É mais difícil para as plantas desenvolverem-se nestas fileiras devido à penetração excessiva do ar no solo e às grandes flutuações da sua temperatura e humidade. Assim, quando se rega, a água inunda as fileiras e as raízes acabam por ficar na água. E o solo é lavado para fora das linhas e das raízes superiores. Como resultado, o ambiente microbiológico benéfico em torno das raízes, necessário para prevenir doenças e para evitar que os nutrientes se encontrem em formas assimiláveis pelas plantas, é perturbado e as pragas podem mesmo multiplicar-se (cerca de 75% do ambiente microbiológico benéfico concentra-se nos 15 cm superiores do solo). Quando a água penetra profundamente no solo, as camadas superiores secam e a atividade microbiana é fortemente reduzida. Ao mesmo tempo, as fileiras de plantas são sujeitas a grandes flutuações de temperatura.

Entre as décadas de 1920 e 1960, Alan Chadwick combinou o método biodinâmico com o método francês de jardinagem intensiva num único método biodinâmico/francês intensivo. Nos Estados Unidos, este método tornou-se conhecido nos anos sessenta, quando Chadwick o aplicou a uma horta de estudantes no campus da Universidade da Califórnia, em Santa Cruz, num terreno de quatro acres.

Baseado no Método de Jardinagem Biointensiva de Alan Chadwick, o livro "How to Grow More Vegetables..." (D. Jevons, 1993) descreve em pormenor como cultivar legumes para uma família de quatro pessoas em 75 metros quadrados ou menos, utilizando apenas fertilizantes orgânicos, mantendo uma dieta nutritiva. (D. Jevons, 1993) descreve em pormenor como cultivar legumes para uma família de quatro pessoas em 75 metros quadrados ou menos, utilizando apenas fertilizantes orgânicos, conservando ao mesmo tempo os nutrientes do solo de futuras colheitas, e com um mínimo de água e mão de obra. Nos últimos

anos, o pessoal da Ecology Action desenvolveu e simplificou a metodologia biodinâmica e intensiva francesa, e o seu nome mudou. É referida simplesmente como "Metodologia Biointensiva" de horticultura ou "Mini Agricultura Biointensiva". Em 1972, o Ecology Action Group montou uma horta biointensiva na cidade de Palo Alto para fazer investigação, mostrar o que se tinha conseguido e ensinar a metodologia utilizada.
Um solo saudável produz plantas saudáveis que dão origem a pessoas saudáveis que podem construir um ecossistema e um planeta saudáveis.

Os sistemas naturais são sustentáveis e não necessitam de recursos adicionais do exterior, ao passo que os agro-sistemas criados pelo homem não podem funcionar sem a introdução de recursos adicionais, de enormes quantidades de mão de obra manual e mecanizada. Nenhuma cultura ou nação pode desenvolver-se de forma sustentável sem uma utilização judiciosa dos recursos que satisfazem as necessidades humanas quotidianas e a produção. Do mesmo modo, é impossível sobreviver sem uma agricultura sustentável que forneça alimentos.

Após os anos 60, a parte sul de Priaralie transformou-se numa região de acumulação de todas as consequências negativas de uma atividade económica humana inepta. O desenvolvimento intensivo de terras desfavoráveis à recuperação, a descarga no rio de águas poluídas do coletor de drenagem, a monocultura de algodão e arroz a longo prazo, a falta de mecanismos económicos rentáveis para poupar água de irrigação e melhorar a fertilidade do solo levaram à deterioração em grande escala do estado de recuperação dos solos irrigados (Zholybekova, 1994, 1995, 1999, 2000).

A mini-agricultura biointensiva (BIMF) é um sistema biológico. Não são utilizados pesticidas sintéticos granulados e líquidos, nem outros fertilizantes comerciais. A sua natureza orgânica significa menos poluição ambiental e maior estabilidade de todo o agro-ecossistema no qual proliferam os elementos naturais de controlo biológico.

Os canteiros e os caminhos entre eles são permanentes. O agricultor não tem de caminhar sobre os canteiros acabados, o que reduz a compactação do solo. Do mesmo modo, o fertilizante e a água não são desperdiçados nos caminhos e estes não têm de ser escavados desnecessariamente.

Os canteiros são fertilizados com grandes quantidades de composto e outros fertilizantes naturais, conforme necessário. A produção e a utilização adequadas de composto são muito importantes para manter a fertilidade do solo. A BIMZ permite a utilização de estrume, mas baseia-se principalmente em composto à base de plantas. Os proponentes do sistema acreditam que a dependência excessiva da aplicação de estrume cria desequilíbrios de nutrientes (Jevons 1997).

Por outro lado, é possível cultivar uma grande variedade de vegetação no próprio local. Mesmo em áreas urbanas, materiais vegetais como folhas, aparas de relva e restos de cozinha estão amplamente disponíveis.

A dupla escavação e a concentração de fertilizantes nos canteiros garantem uma elevada reprodução das culturas. São utilizadas culturas adicionais para expandir o espaço e melhorar o controlo das pragas e da fertilidade.

A utilização do BIMZ resulta em perdas reduzidas. Os nutrientes são reciclados através da compostagem de todos os resíduos das culturas. As culturas de cobertura, a diversidade de culturas e a ausência de lavoura asseguram baixas perdas de solo e de nutrientes por erosão e depleção.

Os elevados investimentos financeiros são os obstáculos mais significativos na agricultura moderna. A BIMZ utiliza pequenas áreas, não requer equipamento de irrigação dispendioso, compra de combustíveis e lubrificantes e maquinaria agrícola, e reduz os custos anuais. Como resultado, é acessível a pessoas com recursos financeiros e fundiários limitados.

Contudo, a utilização de um sistema de ciclo fechado não é necessária se houver outras fontes de materiais orgânicos disponíveis: estrume, serradura, resíduos alimentares, etc. O que foi dito acima também se aplica à produção de forragem no minipastoreio.

No processo, o estudo desenvolveu tecnologias bio-intensivas para melhorar a fertilidade do solo e métodos seguros de utilização de resíduos domésticos, resíduos de árvores e plantas.

A BIMZ caracteriza-se por duas vantagens que nenhum outro sistema agrícola possui.

Em primeiro lugar, menos stress para o solo em comparação com os métodos mecanizados.

Em segundo lugar, o custo mais baixo em termos de investimento de capital. Para explorações muito pequenas (minifúndios), este método não só é economicamente viável como é superior a qualquer outro método.

Por conseguinte, decidimos utilizar tecnologias bio-intensivas para melhorar a fertilidade do solo no epicentro da crise ecológica do Aral.

N.I. Toshmatov (1996) sugeriu que, para preparar o composto a partir de resíduos industriais, a composição química dos resíduos deve ser determinada em primeiro lugar e a quantidade de metais pesados presentes não deve exceder o MPC.

T.S. Zakirov, M.M. Tashkuziev et al. (2000) revelaram que os processos de humificação na luzerna são mais intensos do que no algodão e que a acumulação de húmus aumenta com a aplicação de fertilizantes orgânicos e minerais.

M.M. Mirzaev, M.M. Mirzaev (2000) provou que a taxa de aplicação de fertilizantes azotados pode ser reduzida para metade quando se utilizam sideratos, especialmente leguminosas.

L.N. Shchapova (2000), com base na experiência de microparcelas, verificou que a aplicação anual de turfa, estrume e palha contribuía para a acumulação de húmus em todos os períodos de observação e provou que a aplicação anual de fertilizantes orgânicos numa dose de 6-16 toneladas/ha é mais eficaz do que doses elevadas durante um longo período.

TS.D-TS. Korsunova (2000) chegou às seguintes conclusões com base em experiências de campo de vegetação: o estrume é a melhor fonte de formação de substâncias de húmus; os resíduos de luzerna levam ao aumento da matéria orgânica total.

A.Vakhobov, O.Mirzaev, Z.Zhuraev (2001) estudaram o efeito do biohumus no crescimento e desenvolvimento do algodão em experiências de campo no vale de Fergana.

Com a utilização de biohumus, a produção de algodão aumentou 19,7 centavos/ha e a maturação foi antecipada em 30 dias em comparação com a variante de controlo.

O. T. Karimov (2001, 2002) verificou que o teor de formas minerais de azoto, fósforo móvel e potássio permutável nos solos aumenta quando os fertilizantes orgânicos são aplicados separadamente ou em conjunto com fertilizantes minerais. A aplicação de bio-húmus isoladamente ou em conjunto com fertilizantes minerais tem um efeito favorável no crescimento e desenvolvimento do algodão.

A.I. Razhabov, N. Gafurova (2001) verificaram que, em solos cinzentos típicos irrigados, os oligoelementos de baixa mobilidade se acumulam nos horizontes superiores do perfil do solo em resultado da acumulação biogénica e são nivelados pelo sobrepastoreio.

K.D. Davranov, D.H. Karshieva (2002), sob o termo "agricultura biológica", entende-se um sistema de medidas agrotécnicas que asseguram a direção dos processos microbiológicos na via da reprodução alargada da fertilidade do solo, aumentando a sustentabilidade dos rendimentos e a qualidade dos produtos, reduzindo a poluição ambiental.

H.H. Imamova, H.T. Sharipova et al. (2002) observaram que no composto de estrume, o número de amonificadores, bactérias que utilizam azoto mineral diminui, e no composto com estrume de aves de capoeira, o número de bactérias que crescem com azoto mineral e oligotróficos aumenta, indicando que o composto é enriquecido com azoto proteico.

S.Ya. Bezdnina (2000), analisando os resultados de uma experiência numérica sobre a previsão do regime de salinidade da água em chernozems comuns de High Syrtes, chegou à conclusão de que, com a deterioração da qualidade da água de irrigação, mesmo na presença de um regime de água de lixiviação, o grau de perigo de desenvolvimento de processos gerais de salinização, salinização de sódio e, especialmente, de magnésio aumenta com um baixo grau de salinização inicial.

V.E. Prikhodko (2000) revelou que as alterações reversíveis e controláveis sob irrigação são: teor de húmus, agregados resistentes à água, gesso, sais facilmente solúveis, nutrientes, nível das águas subterrâneas. Os processos de degradação irreversíveis são os seguintes: destruição da microestrutura, alterações desfavoráveis e transformacionais da matéria orgânica (diminuição do número das suas microformas reactivas, aumento da dispersão, separação das microformas coaguladas e dispersas) e do plasma mineral, levando ao enfraquecimento da ligação entre eles.

D.S. Sattarov, O.R. Kazak (2000) revelaram que a aplicação de fertilizantes minerais, por si só, promove a utilização ativa dos microelementos do solo, pelo que se verifica uma diminuição do seu teor. Quando os solos são utilizados na produção agrícola sem fertilizantes orgânicos, verifica-se uma diminuição do teor de húmus.

R.K.Kuziev (2000), ao estudar o atual estado ecológico e de recuperação dos solos irrigados, provou que existe uma tendência para a diminuição da fertilidade do solo na República do Usbequistão.

Turapov I. (1994), Khalikulov S.T. (1996), Kurvantaev R. (2000) observam que a película de polietileno como material de cobertura durante o período de vegetação afecta de forma diferente a alteração do regime hídrico do solo. No início da vegetação, a humidade do solo aumenta sob a película, a meio a influência positiva da película na conservação da humidade diminui e, no final, a quantidade de água no solo é igualada à do controlo.

Kurvantayev R., Khalberdiyeva M.R. (2001) revelaram que a cobertura do solo no método de sementeira em camalhões com película de polietileno e coberturas orgânicas, devido à otimização das propriedades da água, cria condições favoráveis para o desenvolvimento das plantas.

Muitos cientistas estudaram o problema da irrigação no curso inferior do rio Amu Darya. Em 1924, V.V. Em 1924, V. V. Zinserling, tendo generalizado os materiais das investigações dos anos anteriores, publicou informações sobre as terras adequadas para irrigação e a capacidade de irrigação do rio Amudarya com caudal não regulado. Em 1926, o engenheiro G.N. Vinogradov elaborou o primeiro projeto de utilização dos recursos hídricos e terrestres na bacia do rio Kashkadarya, que previa a construção de reservatórios no rio e nos seus afluentes e considerava também a possibilidade de um canal por gravidade para o abastecimento de água do rio Amudarya (a partir de Kelif) ao território da província de Bukhara. Em 1924, sob a direção de F.P. Morgunenkov, foi realizada uma investigação e elaborado o "Esquema de desenvolvimento dos sistemas de irrigação do sul de Khorezm", em 1926 - "Esquema de transferência de água do rio Amu Darya ao longo do Kelif Uzboy para irrigação de terras nos deltas de Murghab e Tejen". Em 1928-1930, juntamente com V.V. Em 1928-1930, juntamente com V. V. Poslavskiy, E. M. Benyaminovich e outros, desenvolveu um projeto de reorganização dos sistemas de irrigação e dos colectores no curso inferior do rio Amudarya. Em 1930, sob a direção de F.P. Morgunenkov, o Departamento de Gestão dos Recursos Hídricos da Ásia Central elaborou um "Esquema de Utilização dos Recursos Terrestres e Hídricos do rio Amu Darya". Este esquema mostra pela primeira vez as dimensões possíveis da irrigação (até 4 milhões de hectares) sob regulação parcial do caudal do rio Amudarya. Amu Darya. Em 1954, o Instituto de Design "Sredazgiprovodkhlopok" desenvolveu o "Esquema Geral de Utilização de Recursos Hídricos e Terrestres na Bacia do Rio Amudarya" (compilado por S.A. Bayukov). Nele, as escalas de desenvolvimento da irrigação no fluxo doméstico e regulado foram definidas passo a passo.

O curso médio e inferior do rio Amu Darya caracteriza-se pela irrigação de grandes áreas, muitas vezes significativamente distantes das fontes de água. Isto deve-se à construção de grandes hidrossistemas fluviais e canais de grande comprimento, frequentemente com estações de bombagem em cascata.

Existem 4207,9 mil hectares de terras agrícolas em Karakalpakstan. As terras irrigadas são parcialmente utilizadas para plantações perenes, para sementeira de culturas técnicas e de cereais, parcelas de herdade, etc. Em 1975. 124 000 ha de terras irrigadas eram cultivados com algodão, 52 800 ha com culturas cerealíferas (dos quais 42 200 ha com arroz e 8 800 ha com milho), 8 500 ha com batatas e culturas hortícolas e de melão e 63 100 ha com culturas forrageiras. Uzgiprozem recomendou taxas médias anuais de irrigação de 25000-27000 m^3/ha para culturas de arroz em sedimentos de canais e 22000-25000 para depressões entre canais nas regiões do norte de Karakalpakstan. Para as culturas de algodão, recomendou normas de irrigação média anual - 12000 m^3/ha, dos quais 6000m^3/ha de lixiviação. Na República de

Karakalpakstan, o período de lixiviação é de 21 de setembro a 20 de abril. Para solos ligeiramente salinos, as irrigações de lixiviação 1-2 são efectuadas à razão de 2000-4000 m^3/ha, para solos moderadamente salinos-2-3 à razão de 4000-6000m^3/ha, e para solos altamente salinos-3-4 à razão de 6000-8000m^3/ha (Irrigação do Uzbequistão, 1979).

U.E. Ismailov (1983) verificou que quanto maior a salinidade da água de irrigação, maior a acumulação de sais na zona radicular.

Nas condições da República de Karakalpakstan, que se encontra no epicentro da catástrofe ecológica, em solos argilosos médios, prados salinos com lençóis freáticos de 1,5-2,2 m, é necessária uma lixiviação operacional anual à taxa de 3-4 mil m^3/ha.

K.R. Nurzhanov (1983,1984) revelou que à medida que as taxas de irrigação aumentam, a compactação aumenta e a massa volúmica do solo aumenta, especialmente na camada arável. A acumulação sazonal de sais durante o período de vegetação depende da irrigação e das taxas de irrigação. Ele sugeriu (1984) que para lavar os sais da camada de raízes do solo acumulados durante o período de vegetação, é necessário efetuar uma lixiviação operacional anual à taxa de 4,0-5,0 mil m^3/ha. Kh.T.Riskieva, O.Toshkenboev (2002), com base no estudo das alterações no estado do húmus dos solos de prados da zona desértica sob a influência da irrigação, chegaram à conclusão de que a irrigação e a utilização agrícola dos solos hidromórficos da zona desértica são acompanhadas pela melhoria das suas propriedades químicas, pelo aumento das reservas de matéria orgânica e pela melhoria da composição qualitativa do húmus.

S.A.Abdullaev, A.J.Bairov (2002) sugerem que, para regular uma nutrição mineral equilibrada das plantas, é necessário rever o sistema de aplicação de fertilizantes para diferentes culturas, tendo em conta a utilização de novas formas de fertilizantes orgânicos e os recursos locais de matérias-primas minerais. Na República do Usbequistão, a irrigação contínua e por sulcos com grandes taxas de irrigação tem sido amplamente utilizada.

Nas condições da Ásia Central, são utilizados os seguintes tipos de irrigação no cultivo de produtos hortícolas: A irrigação de reserva (carregamento de água) é utilizada em zonas com baixa precipitação no inverno para aumentar o teor de humidade do solo na altura da sementeira ou da plantação de produtos hortícolas e para reduzir o número de irrigações da vegetação.

As normas de irrigação de reserva, dependendo da composição mecânica do solo e do lençol freático, variam de 1000 a 2500 m^3.

A irrigação antes da lavoura é utilizada para humedecer o solo antes da lavoura de inverno ou da pré-sementeira (verão) à taxa de 1000-1200m^3/ha.

A rega provocativa na primavera e no verão é efectuada para induzir a germinação de ervas daninhas, que são depois destruídas por cultivo ou lavoura do solo a uma profundidade reduzida.

A irrigação por descarga na República do Uzbequistão é amplamente utilizada em solos salinos. A sua taxa varia de 1500-2000 a 6000-8000 m^3/ha, dependendo do grau de salinidade e das propriedades físicas do solo. Os solos são lavados no final do outono e no inverno, em dias sem geada, ou no início da primavera.

A irrigação pré-sementeira ou pré-plantação é efectuada para humedecer o solo antes da sementeira ou antes da plantação de plântulas de vegetais. A rega é efectuada em sulcos à razão de 400-600 m^3/ha.

A rega de alimentação é efectuada após a sementeira ou plantação de legumes para assegurar uma germinação mais favorável das sementes semeadas ou um melhor enraizamento das plântulas plantadas. A taxa de irrigação é de 400-500m^3/ha.

A irrigação da vegetação fornece humidade às plantas durante o seu crescimento e desenvolvimento. O número de regas vegetativas e as taxas de rega dependem das condições edafoclimáticas, das caraterísticas biológicas da planta em crescimento, do momento da sua sementeira (plantação) e de outros factores.

A irrigação de alimentação das culturas hortícolas através da irrigação entre fileiras é praticada em quase todas as explorações hortícolas da República do Usbequistão.

A irrigação por aspersão tem vantagens significativas em relação à irrigação por sulcos - não há necessidade de uma rede de irrigação superficial e o consumo de água é significativamente reduzido. No Uzbequistão, a aspersão é recomendada nos meses quentes de verão, para além da rega de superfície. As taxas de irrigação são de 250-500 m^3/ha (Balashev e Zeman, 1981).

K. Ovezova (1991), nas condições da República do Turquemenistão, desenvolveu uma tecnologia de poupança de água altamente eficaz para o cultivo de melão em sulcos de irrigação centrada com afrouxamento profundo da cama de sementes. Na tecnologia desenvolvida, o esquema de irrigação racional 1-2-2 com taxas de irrigação 850-1490-1550 m^3/ha com taxas de irrigação por lixiviação 2000 m^3/ha e consumo total anual de água de irrigação 5890 m^3/ha.

A. Shokirov (2001), nas condições da região de Tashkent, efectuou experiências de campo com diferentes densidades de beringela. A densidade mais eficaz de beringela foi 70 x 40 e deu um rendimento de 83,0 kg/ha.

As novas variedades de tomate, para além de apresentarem caraterísticas como rendimento elevado, resistência a doenças, bom gosto e qualidades tecnológicas, devem ser ecologicamente limpas, transportáveis e ter um aspeto atraente e comercializável (Ermoleva, 2003). As novas variedades de tomate desenvolvidas nas condições da República do Uzbequistão produzem, em média, entre 35 (Sevara) e 65 kg/ha (Surkhon-142).

As literaturas acima referidas indicam a maior importância das substâncias húmicas na criação de uma estrutura tolerante à água.

Assim, analisando numerosos dados literários, pode concluir-se que, no território da República de Karakalpakstan, não foi efectuada qualquer investigação científica sobre a melhoria da fertilidade do solo utilizando a tecnologia biointensiva e de poupança de água no cultivo de culturas hortícolas. Esta é a razão da necessidade da presente investigação.

Capítulo 2. Objectos e métodos de investigação

O objeto do estudo foram os solos salinos irrigados por prados aluviais. Água de irrigação do canal Kyzketken e água da torneira.

2.1 Solos

Em 2000, a parte noroeste do Usbequistão, especialmente a República de Karakalpak, foi afetada por uma seca grave e sofreu de falta de água. Perdeu-se uma parte significativa da colheita de arroz, algodão, legumes, frutos e outras culturas. A utilização inadequada da água e dos sistemas de irrigação e uma produção agrícola insustentável agravaram os efeitos da seca. A degradação dos solos já afectou a produção hortícola e frutícola.

A área da cidade de Nukus é de 120.000 km^2, com uma população de 245.000 pessoas. Nesta área, existem várias centenas de hectares de terrenos adequados para a agricultura, onde é possível cultivar e obter elevados rendimentos ecologicamente limpos de culturas hortícolas e de melão, bem como de outras culturas, utilizando tecnologias bio-intensivas e de poupança de água - uma nova forma de agricultura urbana.

A fim de caraterizar os solos e revelar a influência da tecnologia biointensiva no processo de formação do solo, foi estabelecido um transecto-1 (16 de setembro de 1999) antes da experiência e um transecto-2 (15 de setembro de 2004) após três anos de investigação.

Secção n.º 1. RK, Nukus, 20 microdistrito, 16 de setembro de 1999. Nukus, 20 microdistrito, 16 de setembro de 1999. Estado inicial dos solos da parcela experimental, em pousio.

Os solos destas secções são homogéneos em termos de horizontes genéticos. Em termos de composição mecânica, são franco-argilosos (Quadro 2.1.1). O teor mais elevado de agregados verdadeiros no perfil da secção nº 1 (pousio) deve-se aparentemente ao elevado teor de hipsite dos solos desta secção em toda a sua profundidade (ver quadro 2.1.1).

Pela soma de sais e pelo carácter da salinização, os solos das parcelas experimentais (secção n.º 2) diferem acentuadamente do estado inicial destes solos (secção n.º 1)

Por tipo de salinização, os solos da secção No.1 (pousio) pertencem a solos muito fortemente salinos (solonchak). No horizonte superior, o resíduo denso é de 6,505%, e na profundidade de 80-120 cm. diminui para 3,315% em peso. Em termos de tipo de salinidade, os horizontes superiores (0-20 cm.) são classificados como cloreto de sulfato e abaixo até uma profundidade de 80-120 cm. cloreto-sulfato. (Quadro 2.1.2)

Em resultado do desenvolvimento, da irrigação e da aplicação de métodos agrícolas bio-intensivos, estes solos altamente salinos dessalinizaram-se quase por completo. De acordo com o grau de salinização, os horizontes superiores (0-10 e 10-45 cm.) são caracterizados como ligeiramente salinos, os horizontes 45-60 e 60-70 cm. são fortemente salinos, a uma profundidade de 70-120 cm. são solos medianamente salinos. Estes solos foram completamente salinizados pelo tipo de salinização cloreto-sulfato.

Devido à estratificação, é revelada uma diminuição acentuada do teor de Cl, SO_4, Ca e Mg no perfil do solo da secção n.º 2 em comparação com a secção n.º 1 (Quadro 2.1.2).

Nota: Secção №1-controlo, depósito (colocado em 16 de setembro de 1999) no início da experiência.

Secção No.2 - parcela experimental, (colocada no primeiro ano após a conclusão da experiência de 3 anos em 15 de setembro de 2004). Os dados do quadro 2.1.2 mostram que, sob a influência do desenvolvimento, da irrigação e da tecnologia biointensiva, se registam alterações drásticas na composição química dos solos de pousio salinos aluviais de prado.

O perfil do solo da secção 1 é caracterizado por um baixo teor de húmus, que varia entre 0,54 e 0,77 % em peso de solo.

O teor de azoto bruto, de acordo com a distribuição do húmus, varia de 0,02 na camada de 10-20 cm a 0,036 % na camada de 47-70 cm. O teor de fósforo bruto apresenta uma certa estratificação na sua distribuição em profundidade, o que aparentemente se explica pela distribuição do húmus.

Pelo teor de fósforo assimilável nas camadas superiores de 0-10 e 10-20 cm, e pelo potássio nas camadas de 0-10 cm, o solo pertence à categoria de altamente provido, e nos horizontes inferiores estes valores passam para as categorias de médio e baixo provido (Quadro 2.1.3).

Durante três anos de desenvolvimento e aplicação da tecnologia de agricultura biointensiva, o conteúdo de húmus nas camadas superiores 0-10 e 10-45 cm. aumentou 5,3 (4,09 %) e 2,7 (1,68 %) vezes, respetivamente (secção nº 2). Correspondendo ao húmus nestes horizontes, o conteúdo de fósforo bruto e azoto aumentou visivelmente, e no conteúdo de potássio foi registada alguma diminuição ao longo da profundidade da secção. De acordo com o conteúdo de formas móveis de fósforo e potássio, especialmente nos horizontes superiores, estes devem ser classificados como altamente fornecidos.

Quadro 2.1.1.

Composição mecânica e de microagregados de solos salinos de aluvião de várzea irrigados

N.º de corte	Profundidade, cm.	Composição	Peso das fracções em %							Argila física	Soma dos agregados reais
			>0.25	0.25-0.1	0.1-0.05	0.05-0.01	0.01-0.005	0.005-0.001	<0.001		
1	2	3	4	5	6	7	8	9	10	11	12
	0-10	Micro agregado	0,8	0,2	20,4	71,2	2,4	0,6	4,4		23,1
		Mecânica	1,0	0,1	22,2	48,2	18,0	4,5	6,0	28,5	

		Diferença	-0,2	+0,1	-1,8	+23,0	-15,6	-3,9	-1,6		
	10-20	Micro agregado	0,8	0,2	22,6	70,4	1,2	0,6	4,2		29,4
		Mecânica	0,8	0,1	19,5	54,2	10,1	6,7	8,6	25,4	
		Diferença	0	+0,1	+3,1	+26,2	-8,9	-6,1	-4,4		
	20-47	Micro agregado	0,1	0,1	7,5	89,0	0,2	oh,h	2,8		33,3
		Mecânica	0,1	0,1	11,3	55,7	9,7	14,1	9,0	32,8	
1 16.09 1999		Diferença	0	0	-3,8	+33,3	-9,5	-13,8	-6,2		
	47-80	Micro agregado	0,2	0,1	14,1	79,9	0,8	0,6	4,3		19,6
		Mecânica	0,1	0,1	11,2	63,3	8,6	7,2	9,5	25,3	
		Diferença	+0,1	0	+2,9	+16,6	-7,8	-6,6	-4,2		
	80-120	Micro agregado	0,1	0,1	16,2	78,1	2,3	0,8	2,4		22,2
		Mecânica	0,2	0,1	16,6	55,9	8,0	12,8	6,4	27,2	
		Diferença	-0,1	0	-0,4	+22,2	-5,7	-12,0	-4,0		
	0-10	Micro agregado	30,0	1,0	26,7	34,5	6,4	1,0	0,4		17,2
		Mecânica	18,0	2,0	21,5	38,7	9,6	5,1	5,5	20,2	
		Diferença	+12,0	-1,0	+5,2	-4,2	-3,2	-4,1	-5,1		
2 15.09. 2004	10-45	Micro agregado	9,0	0,5	18,1	54,6	8,2	6,2	3,4		11,1
		Mecânica	1,8	0,2	17,4	51,7	9,1	10,2	9,6	28,9	
		Diferença	+7,2	+0,3	+0,7	+2,9	-0,9	-4,0	-6,2		
	45-60	Micro agregado	3,0	0,5	21,1	66,9	3,7	0,4	4,4		11,3
		Mecânica	1,5	0,1	18,6	60,0	8,0	4,0	7,8	19,8	
		Diferença	+1,5	+0,4	+2,5	+6,9	-4,3	-3,6	-3,4		
	60-70	Micro agregado	0,4	0,1	15,5	69,3	9,7	1,9	3,1		9,8
		Mecânica	0,1	0,1	14,3	63,1	7,6	6,1	8,7	22,4	
		Diferença	+0,3	0	+1,2	+6,2	+2,1	-5,2	-5,6		
	70-120	Micro agregado	0,1	0,1	11,6	72,1	8,3	3,4	4,4		30,1
		Mecânica	0,2	0,1	34,8	42,0	9,3	5,5	8,1	22,9	
		Diferença	-0,1	0	-23,2	+30,1	-1,0	-2,1	-3,7		

Quadro 2.1.2.

Teor de sais solúveis em água em solos salinos de aluvião de prado irrigados.

	Profundidade, cm.	Resíduo denso, %	% mg-eq HCO3	Cl	SO4	Ca	Mg	Anião catião	Na mg/eq em	Por diferença, %	Σ sais, %
1 16.09 1999	0-10	6,50	0,027 0,44	1,907 53,78	1,683 35,00	0,205 10,23	0,229 18,82	89,22 29,05	60,17	1,38	5,42
	10-20	3,40	0,027 0,44	1,053 29,69	0,814 16,93	0,200 9,98	0,049 4,03	47,06 14,01	33,05	0,76	2,89
	20-47	3,10	0,024 0,39	0,770 21,71	0,971 20,20	0,170 8,48	0,070 5,75	42,30 14,23	28,07	0,64	2,63
	47-80	2,85	0,021 0,34	0,710 20,02	0,860 17,89	0,105 5,24	0,09 7,48	38,25 12,72	25,53	0,58	2,37
	80-120	3,31	0,027 0,44	0,714 20,13	1,114 23,17	0,200 9,98	0,085 6,99	43,74 16,97	26,77	0,61	2,74
2 15.09 2004	0-10	0,24	0,049 0,80	0,024 0,68	0,099 2,06	0,040 2,00	0,012 0,99	3,54 2,99	0,55	0,01	0,21
	10-45	0,27	0,030 0,51	0,014 0,39	0,144 2,99	0,035 1,75	0,015 1,23	3,89 2,98	0,91	0,02	0,24
	45-60	1,20	0,030 0,51	0,014 0,39	0,736 15,31	0,240 11,98	0,027 2,22	15,80 14,20	1,60	0,03	1,06
	60-70	0,71	0,021 0,34	0,024 0,99	0,428 8,90	0,130 6,49	0,021 1,73	10,23 8,22	2,01	0,04	0,66
	70-120	0,30	0,024 0,39	0,035 0,99	0,143 2,97	0,035 1,75	0,012 0,99	4,35 2,74	1,61	0,03	0,27

Foi registada a lixiviação de carbonatos de CO_2 e de gesso de SO_4 nos horizontes inferiores. No perfil do solo da secção n.º 1, o teor de carbonatos no horizonte superior era de 9,07 %, que diminuiu naturalmente com a profundidade e na camada de 80-120 cm era de 4,0 %. O teor de SO_4 do gesso varia de 2,022 % na camada de 0-10 cm, e na faixa de 1,012-1,399 % nos horizontes inferiores.

Quadro 2.1.3.

Composição química de solos salinos de aluvião de prado irrigados.

Secção	Profundidade, cm.	Húmus %	NO3 %	P2O5 %	K2O %	P2O5 mg/kg	K2O mg/kg	CO2 %	SO4 Gesso %
P-1 16.09 1999	0-10	0,77	00,33	0,227	2,34	137,3	315	9,07	2,022
	10-20	0,56	0,020	0,243	2,0	94,65	200	7,22	1,012
	20-47	0,68	0,027	0,270	2,06	26,73	160	5,9	1,399
	47-80	0,84	0,036	0,250	1,8	32,53	176	4,88	1,163

	80-120	0,54	0,034	0,230	1,37	14,93	190	4,00	1,273
	0-10	4,09	0,15	0,303	0,95	171,3	905	7,90	0,533
P-2	10-45	1,68	0,07	0,343	1,2	115,3	320	8,44	0,599
15.09	45-60	0,65	0,027	0,171	1,37	22,46	295	8,80	2,000
2004	60-70	0,39	0,039	0,189	1,25	20,93	260	9,19	1,181
	70-120	0,48	0,020	0,159	1,25	49,53	236	9,59	0,420

O regime de carbonato no perfil do solo da secção n.º 2 tem uma tendência clara de aumento do valor de CO_2 de 7,90 % na camada de 0-10 cm para 9,19-9,60 % nas camadas inferiores. O teor máximo de gesso também foi registado na profundidade de 45-70 cm, ou seja, nos horizontes inferiores iniciou-se a formação do horizonte de iluviação carbonatada devido à lixiviação de alguns elementos das camadas superiores do solo.

2.2 Metodologia dos estudos de campo e de laboratório

Em 1999-2004, numa área aberta de cerca de 0,5 ha, foi estabelecida uma experiência de campo em pequenas parcelas, de acordo com o esquema apresentado no quadro 2.2.4.

A repetição das variantes das experiências de campo é quádrupla (Quadro 2.2.4). Todas as repetições estão dispostas num único nível. A área total da experiência de campo é de 980 m^2. O tamanho de cada parcela - 24 m^2, área contabilística - 12 m^2. A distância entre a primeira variante (irrigação Borozdovaya) e as outras variantes é de 3 metros. As outras variantes estão protegidas umas das outras por um caminho de 60 cm de largura. Cada variante de experiências é colocada sob a forma de canteiros de 1,5 x 16 metros.

Durante três anos, foram efectuadas experiências de campo no mesmo local. Não utilizámos vários pesticidas e fertilizantes minerais. Utilizámos: - para a irrigação, um contador de água doméstico e, para a alimentação, dois barris de plástico de cem litros. As mudas de legumes foram cultivadas em caixas (estufa). As plântulas foram plantadas em canteiros na primavera (abril), segundo o método de John Jevons (1993). Cada variação é dividida em duas partes iguais. Uma parcela é constituída por 4 linhas. Em cada parcela contabilística foram plantadas 80 plântulas - tomate (Volgogradsky-5/95), beringela (Aurora) por ordem escalonada (distância entre plantas - 35 cm). O tomate Volgogradsky-5/95 é zoneado em todas as regiões do país. Médio-tardio - desde a germinação até ao início da maturação demora 120-140 dias. Os frutos são achatados e arredondados, lisos, pesando 80-100 g. O sabor dos frutos é medíocre (Buriev e Abdullaev, 1986).

Variedade de beringela Aurora de mesa e de conserva, resistente ao calor. Os frutos são de cor púrpura escura, pesando 200-250 g. Rendimento 700800 kg / ha. É aconselhável plantá-la depois das culturas de raízes, cebolas, couves e melões. A beringela dá-se melhor em solos leves e férteis, com humidade. Os frutos são colhidos quando atingem a maturidade de consumo. A polpa é tenra e saborosa (Buriev e Abdullaev, 1986).

O tomate e a beringela contêm fibras, que têm um efeito benéfico na microflora intestinal, melhorando a digestão. Ajuda a eliminar o colesterol do corpo humano.

As culturas de tomate e beringela foram colhidas regularmente no início da maturação tecnológica, evitando o amadurecimento excessivo e o engrossamento dos produtos. O rendimento foi contabilizado por um método contínuo, pesando os produtos hortícolas de toda a parcela contabilística, e o processamento matemático do rendimento foi efectuado de acordo com a metodologia e as recomendações de Peregudov V.N.

As amostras de solo foram recolhidas com recurso a um perfurador de solo (0-30 cm), método de envelope, em cinco repetições - primavera, verão, outono e inverno para as variantes da experiência. As amostras de água foram recolhidas em cada mês do ano nas redes de abastecimento de água da cidade de Nukus e no canal Kyzketken, de acordo com a metodologia dos laboratórios móveis HACH e LaMotte (EUA).

As análises químicas do solo foram determinadas (NH_4, NO_3, NO_2, P_2O_5, K_2O_5, pH, CL, SO_4, Ca, Mg, Mn, Cu, Fe) de acordo com os requisitos e recomendações do laboratório móvel HACH, LaMotte (EUA).

As análises químicas do solo e da água foram efectuadas no Laboratório de Ciência dos Solos e Biotecnologia do Instituto de Bioecologia da Secção de Karakalpak da Academia de Ciências da RUz, sob a supervisão de B. Jolybekov.

A dinâmica do teor de sais solúveis em água no solo foi estudada por estações do ano. As amostras de solo foram recolhidas pelo método do envelope em cinco repetições com um berbequim (30 cm de profundidade). Os seus teores foram determinados de acordo com o método de UzNIIH (sais totais, HCO_3, Cl, SO_4, Ca, Mg, Na, K,).

O teor de húmus bruto por estações do ano (inverno, primavera, verão, outono) foi determinado de acordo com Tyurin.

A composição mecânica e de microagregados foi determinada pelo método de N.A. Kachinsky (1958).

O teor de NH_4, NO_3, NO_2, P_2O_5, K_2O_5, pH, CL, SO_4, Ca, Mg, Mn, Cu, Fe por estações do ano foi determinado de acordo com os requisitos e recomendações do laboratório móvel de HACH e LaMotte (EUA).

A qualidade da água para consumo humano e para irrigação foi determinada por meses do ano, de acordo com a metodologia da UzNIIH.

Em 1999, foi aplicado no outono um fertilizante orgânico (composto) de 5 t/ha sob o campo de cereais. Todos os anos, nos meses de outubro a fevereiro, eram cultivados cereais de inverno e leguminosas (Quadro 2.2.4; Quadro 2.2.5). Em março, com a ajuda de um mini-trator, os sideratos eram cortados (3 t/ha) e arados no solo a uma profundidade de 15-20 cm (Fig. 4). Na superfície dos canteiros, espalhou-se composto com 3-5 cm de espessura, à razão de 5 t/ha, e misturou-se bem com um garfo de jardim até uma profundidade de 30 cm. Em abril, a alfafa seca (2 t/ha) cortada na máquina cobriu a superfície dos canteiros (4-5 cm) e cobriu com cobertura morta, bem como plantou mudas de vegetais de acordo com o esquema de experiências de campo numa ordem escalonada em cada parcela de 80 unidades

Quadro 2.2.4.

CONCEPÇÃO DA EXPERIÊNCIA DE CAMPO

<table>
<tr><th rowspan="3">OPÇÕES</th><th rowspan="3" colspan="2">Método de irrigação</th><th rowspan="2" colspan="2">Taxa, m^3/ha</th><th colspan="6">Fertilizante orgânico</th><th rowspan="3">Tipos de culturas hortícolas</th></tr>
<tr><th colspan="4">Seco, toneladas/ha</th><th colspan="2">Líquido, l/ha</th></tr>
<tr><th>Irrigação</th><th>Irrigação</th><th>Podzyab</th><th>Siderado</th><th>Antes de formar a cama</th><th>Cobertura vegetal antes da plantação</th><th>Korovniak</th><th>excrementos de galinha</th></tr>
<tr><td>1</td><td colspan="2">Borozdovaya (controlo)</td><td>400</td><td>6000</td><td>5</td><td>3</td><td>5</td><td>2</td><td>200</td><td>100</td><td>Tomate Beringela</td></tr>
<tr><td>2</td><td colspan="2">Chuva</td><td>200</td><td>3000</td><td>5</td><td>3</td><td>5</td><td>2</td><td>200</td><td>100</td><td>Tomate Beringela</td></tr>
<tr><td>3</td><td colspan="2">Gotejamento</td><td>100</td><td>1500</td><td>5</td><td>3</td><td>5</td><td>2</td><td>200</td><td>100</td><td>Tomate Beringela</td></tr>
<tr><td>4</td><td rowspan="2">INTRODUÇÃO</td><td>Pulverização com mangueira</td><td>100</td><td>1500</td><td>5</td><td>3</td><td>5</td><td>2</td><td>200</td><td>100</td><td>Tomate Beringela</td></tr>
<tr><td>5</td><td>Garrafa de plástico</td><td>100</td><td>1500</td><td>5</td><td>3</td><td>5</td><td>2</td><td>200</td><td>100</td><td>Tomate Beringela</td></tr>
</table>

As observações fenológicas (Fig. 8) e os cuidados com as plantas (monda, rega, etc.) foram efectuados a partir de abril. Foi aplicado um adubo líquido diluído em junho com estrume de vaca (200 l/ha) e em julho com adubo de galinha (100 l/ha). Em junho-outubro, foi registado o rendimento da colheita.

Desde a primavera (abril), foram efectuadas regas, tendo em conta as necessidades das plantas, de acordo com as normas aceites e as variantes da experiência de campo. A taxa de irrigação foi fornecida através de um contador de água. Na primeira variante, a taxa de irrigação total foi fornecida numa receção, e nas outras variantes - em duas recepções (de manhã-50% e à noite 50%). No final de outubro, após a colheita dos caules das plantas, foram aplicados fertilizantes orgânicos (composto) à razão de 5t/ha e o solo foi lavrado com um mini-trator a uma profundidade de 15-20 cm. Imediatamente após o cultivo do solo, foram semeadas e cultivadas sementes de cereais e leguminosas.

O estudo foi apoiado pela organização CAFE-Nukus sob os auspícios da Agência Sueca para o Desenvolvimento Internacional (SIDA).

A metodologia biointensiva utiliza técnicas específicas que são muito diferentes de outros métodos agrícolas habitualmente utilizados nos países em desenvolvimento. Canteiros profundos e altos, com solo solto e enriquecido com composto, são o local ideal para cultivar as plantas mais saudáveis e produtivas possíveis.

A largura dos canteiros no método biointensivo é de 1,5 metros. As plantas são plantadas muito próximas umas das outras para se obter um rendimento elevado. É criada artificialmente uma camada espessa de terra feita de composto e palha, folhas de plantas, que, como cobertura morta, retém a humidade e evita a propagação de ervas daninhas.

Para obter rendimentos elevados com um consumo económico de água e de energia através do método biointensivo, em solos salinos irrigados, é necessário criar canteiros altos compostos por terra solta previamente fertilizada com composto. Esta cama biointensiva é um ambiente ótimo para a planta. Em tais condições, é criado um regime ótimo de água e ar no solo. As plantas desenvolvem um sistema radicular mais profundo e tornam-se mais fortes e produtivas.

O método de agricultura biointensiva favorece o desenvolvimento de microflora benéfica em torno do sistema radicular da planta no solo. Cria boas condições para a reprodução intensiva de organismos vivos e minhocas. Promove a infiltração de ar no solo enquanto o fertiliza, de modo que a produtividade do solo aumenta drasticamente nos canteiros biointensivos (John Jevons, 1993,1999).

Tabela 2.2.5.

Calendário e tipos de medidas agro-técnicas para 2000-2002

Meses	*Medidas agronómicas*
janeiro	Cultura de cereais de inverno e leguminosas.
fevereiro	Cultura de cereais de inverno e leguminosas.
março	Lavoura de cereais verdes de inverno e leguminosas com um mini-trator a uma profundidade de 15-20 cm (3 t/ha). Aplicação de composto (5 t/ha). Formação de camas e cultivo do solo. Cobertura dos canteiros com alfafa seca triturada (cobertura morta - 2 t/ha).
abril	Plantação de tomate, pimento, beringela e couve a partir de plântulas. Observações fenológicas. Cuidados com as plantas. Rega.
maio	Cuidados com as plantas. Rega.
junho	Cuidados com as plantas. Rega. Primeira fertilização com feijão-frade líquido (200l/ha). Colheita e contabilização da cultura.

julho	Cuidados com as plantas. Rega. Segunda fertilização com estrume líquido de galinha (100 litros/ha). Colheita e contabilização da cultura.
agosto setembro	Cuidados com a planta. Rega. Colheita e manutenção de registos.
outubro novembro	Colheita e contabilização da cultura. Aplicação de adubos orgânicos (composto) à razão de 5 t/ha. Lavoura do solo com um mini-trator a uma profundidade de 1520 cm. Sementeira dos cereais de inverno e das leguminosas. Cultivo dos cereais de inverno e das leguminosas.
dezembro	Cultura de cereais de inverno e leguminosas

O crescimento da microflora no solo é assegurado pela utilização anual de sideratos verdes, composto e palha de alfafa (como cobertura morta e fertilizante orgânico). O enriquecimento do solo ocorre devido à decomposição natural de caules e raízes de plantas, bem como de resíduos animais misturados com o solo. Esta microflora é, na sua maioria, destruída devido à utilização excessiva de pesticidas e fertilizantes minerais, bem como lavada do solo com elevadas taxas de irrigação.

Para estudar a influência de diferentes métodos de irrigação na fertilidade de solos salinos irrigados no fundo da matéria orgânica de acordo com o método de John Jevans (1993), realizámos experiências de campo em 1999, 2000 - 2002 de acordo com o esquema de experiências (Quadro 2.2.4).

No outono de 1999, cada variante foi colocada na parcela experimental de acordo com o esquema experimental adotado (quadro 2.2.4). Em seguida, foi efectuada uma escavação dupla completa para melhorar rapidamente a qualidade da estrutura do solo, de acordo com o método de John Jevons (1993) e John Jevons, Carol Cox (1999).

A dupla escavação é o processo de preparação do solo, escavando-o a uma profundidade de duas baionetas (cerca de 60 cm). Em primeiro lugar, deve ser marcado um canteiro com uma largura de 1,5 metros e um comprimento de 16 metros. Para efetuar uma escavação dupla, retirar a terra da trincheira, que é escavada transversalmente, na extremidade do canteiro (profundidade e largura da trincheira - 30 cm). A operação "Escavação dupla" é efectuada pela seguinte ordem (Fig.1):

1. Humedecer o solo, soltá-lo e eliminar as ervas daninhas. Em seguida, cave o canteiro com uma forquilha até uma profundidade de 30 cm;
2. Aplicar uma camada de 4-5 cm de composto em toda a área a escavar;
3. misturar bem o composto até uma profundidade de 30 cm;
4. Retirar o solo superficial das trincheiras e transferi-lo para a extremidade mais distante do canteiro para fazer composto e para as plântulas;
5. Soltar o solo em mais 30 cm;
6. Aplicar uma camada de composto com 4-5 cm de espessura no solo solto da primeira trincheira;
7. Misturar bem o composto no fundo da primeira trincheira até uma profundidade de

30 cm;

8. Escavar o topo da segunda trincheira, levando-o até ao topo da primeira trincheira;
9. Desapertar a parte inferior da segunda trincheira;
10. aplicar uma camada de composto com 4-5 cm de espessura no solo solto da parte inferior da segunda trincheira;
11) Misturar bem o composto no fundo da segunda trincheira até uma profundidade de 30 cm;
12. Continuar este processo de escavação dupla para permitir uma boa estruturação do solo (repetir os passos 8-11 nas restantes trincheiras);
13. Dar ao canteiro a forma desejada. Em seguida, espalhar uniformemente em toda a superfície uma camada de composto, palha, etc., do fertilizante necessário, enterrando-a com uma forquilha até uma profundidade de 10-15 cm. O canteiro está pronto.

A compostagem é um processo biotérmico de mineralização e humificação da matéria orgânica, que ocorre em condições aeróbicas sob a influência de microrganismos, principalmente os que gostam de calor. Durante a compostagem, os resíduos orgânicos são aquecidos a uma temperatura de 60 C, o que tem um efeito devastador nas larvas e pupas de moscas. Ovos de helmintos e microrganismos patogénicos não formadores de esporos (Vasiliev e Filippova, 1988).

Colocação da pilha de composto. Ao colocar a pilha de composto, os materiais são colocados em camadas (Fig. 2).

1. Soltar o solo com uma forquilha de jardim até uma profundidade de 30 cm numa área de 1,5 x 1,5 metros, de modo a que a pilha tenha massa suficiente para permitir que o processo de decomposição prossiga normalmente. O afrouxamento do solo permitirá a drenagem e o arejamento;
2. Colocar uma camada de materiais grosseiros com 8 cm de espessura que favoreçam a penetração do ar na pilha: ramos, pequenos ramos, caules de milho ou de girassol. Ramos de cana ou de roseira, etc;
3. Colocar camadas da sanduíche de composto, regando cada camada à medida que é colocada:

   - Camada de 5 centímetros de materiais secos;
   - Uma camada de 5 centímetros de materiais verdes;
   - Uma camada de terra que cobriria ligeiramente as camadas inferiores.

4. Continue a colocar camadas até que a pilha tenha 1,5 metros de altura. Certifique-se de que o topo da pilha não escorrega;
5. Cobrir a superfície da pilha com uma camada adicional de terra para reter a humidade no interior;

6. Regar a pilha para que fique húmida. Verifique se a pilha está húmida no meio; por vezes, pode inadvertidamente humedecer ou secar demasiado a pilha;
7. Após 3-6 semanas, virar a pilha. O objetivo do revolvimento é deslocar os materiais secos e menos decompostos para o interior da pilha e os materiais mais decompostos para o exterior. Misture os materiais da pilha antiga na nova pilha, colocando os materiais secos no interior da pilha. Se necessário, regar a nova pilha com água para garantir uma hidratação adequada;
8. Deixe a pilha "queimar" durante 3-6 meses. Considera-se que o composto está pronto quando:

   - a maior parte do material de origem colocado na pilha torna-se irreconhecível;
   - um cheiro fresco a madeira emana da pilha, como água derretida na primavera;
   - o conteúdo da pilha é de cor castanha escura, macio e friável (Figura 3).
9. Se não utilizar o composto depois de ter sido preparado, deve espalhá-lo e secá-lo. É muito importante não deixar a pilha decompor-se durante demasiado tempo.

Mangueira de impregnação e sua colocação. Nos EUA e em Inglaterra, a mangueira de impregnação é fabricada a partir de pneus de automóveis velhos. É muito utilizada em casas de campo e quintas. Estas mangueiras estão disponíveis em diferentes diâmetros (d-15mm, d-20mm). Têm furos finos (d-0,3mm). As mangueiras de impregnação são colocadas na superfície dos canteiros biointensivos a uma profundidade de 13-15 cm e cobertas com palha por cima (Fig.5,6).

Garrafa de plástico e respetivo separador. Garrafas de plástico com um volume de

São recolhidos 1,5 litros e a sua parte lateral é feita com um prego para fazer buracos com um diâmetro de 1,5-2,0 mm. São colocados na superfície dos canteiros biointensivos de cabeça para baixo a 15-20 cm de profundidade e cobertos com palha por cima (Fig.7).

Capítulo 3. Estado químico atual da água potável e de irrigação nas condições da cidade de Nukus

3.1 Alterações na composição química da água potável

Atualmente, a cobertura da população nas cidades com abastecimento centralizado de água atinge 75% e nas zonas rurais 40-50%. O Uzbequistão adoptou normas elevadas de consumo específico de água de 600-720 litros/dia para a população urbana e de 150-180 litros/dia para a população rural até 1995-2010 (Razakov 2001).

A população da República de Karakalpakstan utiliza água potável das redes de abastecimento de água fornecidas através do gasoduto Tuyamuyun-Nukus-Takhtakupyr, água da torneira retirada de redes de irrigação, água de lagos abertos, poços, água de instalações de dessalinização ECOS-50 e água retirada de poços subterrâneos. O abastecimento centralizado de água é fornecido a cerca de 59,3% da população do RK, incluindo 78,5% nas zonas urbanas e 44,2% nas zonas rurais (Konstantinova et al. 2001).

O abastecimento de água de irrigação ao território da República do Caracalpaquistão depende totalmente das condições de formação e utilização do caudal do rio transfronteiriço nas zonas superiores. Durante os anos de escassez de água (2000-2001), a disponibilidade de água nestes territórios diminuiu para 40-50% em comparação com os valores médios anuais (Mironenkov, 2001).

Atualmente, a cobertura da população nas cidades com abastecimento de água centralizado atinge 75% e nas zonas rurais 40-50%.

O Uzbequistão adoptou normas elevadas de consumo específico de água de 600-720 litros/dia para a população urbana e 150-180 litros/dia para a população rural até 1995-2010 (Razakov 2001).

Em algumas parcelas individuais em Nukus, a maioria dos agricultores utiliza água da torneira destinada a beber e água de irrigação do rio Amudarya para irrigação.

Por conseguinte, é muito relevante a monitorização anual, sazonal e mensal das alterações dos sais solúveis em água na composição da água potável da cidade de Nukus e da água de irrigação do canal Kyzketken.

A gestão e utilização irracionais dos recursos hídricos e terrestres, o desenvolvimento de terras desfavoráveis, a violação da rotação de culturas, a poluição com agroquímicos, o alagamento e a salinização das terras tornaram-se a principal razão para o declínio da fertilidade do solo e do rendimento das culturas nas zonas inferiores do delta do Amudarya (Zhollybekov 1991,1995,1997, 2000, Zhollybekov 1996).

O objeto do estudo é a água potável da cidade de Nukus e a água de irrigação do canal Kyzketken.

A descarga de grandes volumes de água de drenagem poluída dos colectores diretamente no leito do rio, sem tratamento, piorou a qualidade da água de irrigação e da água potável nas zonas mais baixas do rio Amudarya, especialmente em anos de pouca água. A intensa salinização do solo levou a um elevado consumo de água do rio para lixiviação do solo. Nas zonas inferiores do rio Amudarya, é utilizada 2-3 vezes mais água de irrigação por unidade de produção agrícola (Jolybekov 1995, 2000, Razakov 2001).

O teor médio ponderado de carbonato de hidrogénio na composição da água potável da cidade de Nukus manteve-se quase constante ao longo dos três anos (0,16 g/l). Na primavera de 2001, o teor de cloro atingiu um máximo (0,31 g/l) e no verão de 2002 um mínimo (0,15 g/l). No ano hidrológico mais baixo (2000), o teor de cloro no inverno e na primavera foi inferior (0,19 g/l) ao das outras estações do ano (quadro 3.1.1.). A média ponderada do teor de cloro para os anos observados variou entre 0,20 e 0,26 g/litro.

O teor máximo de sulfato na água potável foi observado na primavera de 2001, com 0,44 g/l, e o mínimo na primavera de 2002 (0,28 g/l). Este facto deve-se às flutuações do caudal do rio Amu Darya. O teor médio ponderado de sulfato, dependendo do volume do caudal do rio, varia entre 0,289 e 0,43 g/l (Quadro 3.1.1.).

Na primavera de 2000, o teor de cálcio na água potável da cidade de Nukus atingiu o máximo (0,10 g/l) e, no outono de 2001, o mínimo (0,07 g/l). A média ponderada de cálcio para os anos estudados permaneceu quase inalterada.

O teor de magnésio na água potável atingiu o máximo na primavera de 2002, com 0,07 g/l, e o mínimo no verão de 2002 (0,04 g/l). O teor médio ponderado de magnésio manteve-se ao mesmo nível ao longo dos anos do estudo, ou seja, 0,06 g/l -0,067 g/l (Quadro 3.1.1.).

O teor máximo de sódio e potássio atingiu 0,24 g/l no verão de 2001 e o mínimo na primavera de 2002 (0,13 g/l). A média ponderada dos teores de sódio e de potássio durante os anos do estudo variou entre 0,135 g/l e 0,21 g/l.

A mineralização máxima total da água potável atingiu 1,75 g/l no inverno de 2002 e a mínima no verão de 2002 (0,73 g/l).

O teor médio ponderado de mineralização da água potável nos anos estudados variou entre 1,1135 g/l (2002) e 1,253 g/l (2001).

Quadro 3.1.1.

Variações sazonais e anuais do teor de sais solúveis em água na água potável da cidade de Nukus, g/l / mg-eq

Anos	Estações do ano	NCOz	Cl	SO4	Ca	Mg	Na+K	Quantidade de sais, g/l
	inverno	0,178	0,190	0,373	0,086	0,060	0,150	1,058
		2,92	5,5	7,7	4,32	5,56	6,30	
	primavera	0,16	0,189	0,442	0,100	0,058	0,186	1,130
		2,62	5,33	9,21	4,98	4,78	7,43	
	verão	0,15	0,206	0,320	0,084	0,055	0,150	0,981
2000		2,52	5,8	6,7	4,2	4,6	6,3	
	outono	0,175	0,220	0,330	0,083	0,070	0,151	1,032
		2,86	6,2	6,93	4,16	5,8	6,03	
Média do ano.		0,165	0,201	0,366	0,088	0,061	0,159	1,050
	inverno	0,19	0,26	0,44	0,11	0,06	0,22	1,303
		3,26	7,30	9,30	5,55	5,40	8,91	
	primavera	0,18	0,31	0,48	0,139	0,07	0,21	1,412
		3,04	8,80	10,1	6,95	6,50	8,51	
	verão	0,13	0,23	0,43	0,04	0,06	0,24	1,169
2001		2,28	6,60	9,15	2,25	5,65	10,13	
	outono	0,16	0,25	0,37	0,07	0,08	0,17	1,129
		2,65	7,26	7,83	3,53	7,13	7,08	
Média do ano.		0,167	0,26	0,43	0,090	0,067	0,21	1,253

2002	inverno	0,143	0,241	0,312	0,098	0,051	0,162	1,750
		2,34	6,80	6,50	4,90	4,25	6,49	
	primavera	0,17	0,234	0,284	0,082	0,072	0,131	0,970
		2,78	6,60	5,93	4,13	5,93	5,25	
	verão	0,141	0,149	0,23	0,062	0,048	0,105	0,736
		2,32	4,20	4,80	3,10	4,00	4,22	
	outono	0,15	0,222	0,329	0,081	0,071	0,142	0,998
		2,49	6,26	6,86	4,06	5,86	5,69	
Média do ano.		0,15	0,21	0,289	0,081	0,060	0,135	1,113

Assim, no epicentro da crise ecológica dos anos de escassez hídrica 20002001, a qualidade da água potável deteriorou-se fortemente e teve um impacto marcado na salinização dos solos dos campos experimentais

3.2 Alterações na composição química da água de irrigação

O abastecimento de água para irrigação no território da República de Karakalpakstan depende totalmente das condições de formação e utilização do caudal transfronteiriço do rio nas zonas superiores. Durante os anos de escassez de água de 2000-2001, a disponibilidade de água nestes territórios diminuiu para 40-50 por cento em comparação com os valores médios anuais (Mironenkov, 2001).

A gestão irracional, a utilização dos recursos hídricos e terrestres, o desenvolvimento de terrenos desfavoráveis, a violação da rotação de culturas, a contaminação dos solos com produtos agroquímicos, o seu encharcamento e salinização causaram o declínio da fertilidade do solo e do rendimento das culturas hortícolas. A descarga de grandes volumes de água poluída dos colectores de drenagem piorou a qualidade da água de irrigação e da água potável nas zonas inferiores do rio Amu Darya, especialmente em anos de baixa disponibilidade de água. A salinização intensiva dos solos levou a um elevado consumo de água do rio para lixiviação dos solos. Nas zonas inferiores do rio Amudarya, é utilizada 2-3 vezes mais água de irrigação por unidade de produção agrícola (Razakov, 2001).

O teor médio ponderado de hidrogenocarbonato na composição da água de irrigação manteve-se constante (0,16g/l) nos dois primeiros anos e diminuiu para 0,13g/l no terceiro ano.

Na primavera de 2001, o teor de cloro atingiu um máximo (0,41 g/l) e na primavera de 2000 um mínimo (0,18 g/l). A média ponderada do teor de cloro para os anos observados variou entre 0,204 e 0,296 g/l (Quadro 3.2.2.).

Quadro 3.2.2.

Variação sazonal e anual do teor de sais solúveis em água na composição da água de irrigação do canal Kyzketken, g/l / mg-eq

Anos	Estações do ano	HCO3	Cl	SO4	Ca	Mg	Na+K	Σ sais, g/l
	inverno	0,194	0,200	0,470	0,092	0,078	0,190	1,230
		3,10	5,80	9,79	4,60	6,43	7,83	
	primavera	0,160	0,189	0,420	0,09	0,065	0,174	1,110
		2,68	5,33	8,87	4,58	5,38	6,99	
2000	verão	0,135	0,206	0,360	0,088	0,059	0,166	1,029
		2,21	5,80	7,7	4,40	4,86	6,64	
	outono	0,170	0,220	0,360	0,106	0,062	0,150	1,080
		2,82	6,2	7,6	5,3	5,13	6,22	
Média do ano.		0,165	0,204	0,402	0,094	0,066	0,170	1,112
	inverno	0,230	0,316	0,390	0,112	0,071	0,23	1,371
		3,84	8,90	8,30	5,60	5,85	9,59	
	primavera	0,160	0,410	0,450	0,140	0,069	0,28	1,520
		2,64	11,73	9,43	7,00	5,70	11,25	
	verão	0,170	0,200	0,573	0,070	0,047	0,298	1,317
2001		2,08	5,66	11,90	3,53	3,90	12,24	
	outono	0,160	0,260	0,440	0,073	0,082	0,221	1,246
		2,64	7,33	9,33	3,66	6,80	8,84	
Média do ano.		0,18	0,296	0,463	0,099	0,067	0,257	1,363
	inverno	0,150	0,316	0,139	0,112	0,060	0,090	0,880
		2,60	8,90	2,90	5,60	5,05	3,75	
	primavera	0,170	0,170	0,340	0,088	0,062	0,130	0,973
		2,80	4,80	7,26	4,40	5,13	5,33	
	verão	0,093	0,117	0,245	0,036	0,041	0,114	0,640
		2,60	3,30	5,10	1,80	3,40	4,75	
2002	outono	0,125	0,213	0,33	0,066	0,071	0,146	0,950
		2,05	6,00	7,00	3,34	5,86	5,85	
Média do ano.		0,134	0,204	0,263	0,075	0,058	0,12	0,861

O teor máximo de sulfato na água de irrigação foi observado no verão de 2002, com 0,58 g/l, e o mínimo no outono de 2000 (0,36 g/l). Este facto deveu-se às flutuações do caudal do rio Amu Darya. O teor médio ponderado de sulfato, em função do volume do caudal do rio, varia entre 0,20 e 0,29 g/l (quadro 3.2.2.).

Na água de irrigação do canal Kyzketken, o teor de cálcio, na primavera de 2002, atingiu o máximo e foi de 0,14 g/l, e o mínimo de 0,09 g/l (primavera de 2000). A média ponderada de sulfato por ano, nos anos estudados, variou de 0,10 a 0,75 g/l.

O teor de magnésio na água de irrigação, na primavera de 2001, atingiu o máximo e foi de 0,082 g/l, e o mínimo foi de 0,041 g/l (verão de 2002). O teor médio ponderado de magnésio durante os anos de estudo manteve-se quase ao mesmo nível de 0,05-0,06 g/l.

O teor de sódio e potássio na água de irrigação do canal Kyzketken atingiu o máximo e foi de 0,298 g/l (verão de 2001), e o mínimo de 0,09 g/l (inverno de 2002). A média ponderada para o ano estudado variou entre 0,11 e 0,25 g/l.

A mineralização máxima total da água de irrigação atingiu 1,52 g/l na primavera de 2001 e a mínima no verão de 2002 (0,64 g/l). Nos últimos anos, devido ao aumento do caudal do rio, a sua mineralização diminuiu quase para metade. O teor médio ponderado de mineralização da água de irrigação do canal Kyzketken nos anos estudados variou entre 0,86 g/l (2002) e 1,36 g/l (2001).

Assim, nas condições da cidade de Nukus em 2000-2001, nos anos de escassez de água, a qualidade da água potável e de irrigação deteriorou-se (Fig.9). Por conseguinte, a fonte de acumulação de sal no solo não é apenas a água subterrânea, mas também a água de rega e a água da torneira fornecida para a irrigação das culturas agrícolas nas condições da cidade de Nukus.

Capítulo 4. Efeito de diferentes métodos de irrigação no teor de sais solúveis em água de solos salinos aluviais de prados irrigados

4.1 Variação do teor de sais solúveis em água sob o método de irrigação por sulcos

Os estudos dos sais solúveis em água foram efectuados em locais fixos especiais. As observações foram efectuadas de 2000 a 2002 por estações do ano. O estudo baseou-se no método de amostragem por coluna contínua recomendado por V.A. Kovda (1947). O estudo das particularidades do regime de sais solúveis em água em solos pantanosos irrigados foi efectuado em muitos pontos do delta do Syrdarya. O estudo demonstrou que o movimento dos sais é muito lento e não ocorre em estações, mas em ciclos mais longos, que estão obviamente relacionados com as alterações cíclicas conhecidas dos factores mencionados (Borovsky et al. 1959). As experiências de campo são o principal fornecedor de material experimental sobre a arogénese do solo e devem cumprir o papel de estudos de referência na resolução dos problemas genético-geográficos mais complexos da agrogénese (Kozlovsky, 2003). A heterogeneidade da distribuição de sais ao longo do perfil, expressa em três fases, é plenamente confirmada. A metodologia de estudo do regime de sais do solo deve fornecer uma caraterização separada (Kozlovsky, Pankova, 1976).

O objetivo deste capítulo da tese foi o de estudar o efeito de diferentes métodos de irrigação e de diferentes formas de irrigação com água mineralizada da torneira, sobre a evolução do teor em sais solúveis em água dos solos aluviais de prados irrigados. Os resultados destes estudos são apresentados no quadro 4.1.1.

O teor máximo de carbonato de hidrogénio no método de irrigação por sulcos foi registado no inverno de 2000 e 2001, e o máximo no outono de 2002. Verificou-se que o valor médio anual de HCO_3 aumenta gradualmente até ao último ano das experiências e é: em 2000 - 0,088%; em 2001 - 0,085%; em 2002 - 0,091% (Quadro 4.1.1)

Como já foi referido, nas parcelas experimentais, as culturas hortícolas foram irrigadas com água da torneira mineralizada. A taxa de irrigação por sulco é de 6000 m^3. Foram efectuadas sete irrigações com a norma de 400 m^3. As experiências foram efectuadas no contexto da tecnologia agrícola biointensiva. As alterações do teor de sais solúveis em água nas estações do ano 2000 apresentavam as seguintes caraterísticas: no inverno e no outono, com uma soma de sais de 2,084 e 1,529%, teor de Cl e SO_4 de 0,586 e 0,647 e 0,221 e 0,792%, respetivamente, estes solos pertencem a um tipo de salinização cloreto-sulfato muito fortemente salino. E na primavera e no verão, com uma soma de sais de 0,791 e 0,590%, teores de Cl e SO_4 de 0,248 e 0,228 e 0,248 e 0,082%, respetivamente, estes solos pertencem, em grau, a uma salinização média e forte do tipo cloreto-sulfato. De acordo com o valor da soma de sal para todos os anos de experiências, estes solos permaneceram ao nível de salinização muito forte e forte por grau e salinização por cloreto-sulfato por tipo de salinização. No entanto, verifica-se uma diminuição da tensão salina no último ano de experiências, 2002.

Assim, quando se utiliza o método de irrigação por sulcos com uma taxa de irrigação (6000m^{3}) no contexto da tecnologia biointensiva na camada arável do solo no terceiro ano de investigação, verifica-se uma ligeira diminuição do teor de sais solúveis em água, mas, em geral, permanecem ao nível de uma forte salinização.

Quadro 4.1.1.

Variação do teor de sais solúveis em **água (%/mg-eq)** na camada de 0-30 cm sob irrigação por sulcos

Anos	Estações do ano	NCOz	Cl	SO4	Ca	Mg	Na+K	Σ sais, %
	inverno	0,165	0,586	0,647	0,147	0,047	0,492	2,084
		2,7	16,5	13,475	7,35	3,92	21,405	
	primavera	0,055	0,248	0,228	0,060	0,024	0,176	0,791
2000		0,9	7,0	4,75	3,0	2,0	7,65	
	verão	0,067	0,248	0,082	0,030	0,030	0,133	0,590
		1,1	7,0	1,7	1,5	2,5	5,8	
	outono	0,067	0,231	0,792	0,190	0,097	0,152	1,529
		1,1	6,5	16,5	9,5	8,0	6,6	
Média anual		0,088	0,328	0,437	0,106	0,049	0,238	1,248
	inverno	0,104	0,355	0,816	0,055	0,015	0,568	1,913
		1,7	10,0	17,0	2,75	1,25	24,7	
	primavera	0,090	0,078	0,240	0,032	0,023	0,119	0,582
2001		1,48	2,2	5,0	1,6	1,9	5,18	
	verão	0,073	0,092	0,216	0,038	0,012	0,124	0,555
	outono	1,2	2,6	4,5	1,9	1,0	5,4	
		0,073	0,195	0,648	0,035	0,039	0,350	1,340
		1,2	5,5	13,5	1,75	3,25	15,2	
Média anual		0,085	0,180	0,.480	0,040	0,022	0,290	1,097
	inverno	0,054	0,078	0,168	0,046	0,023	0,054	0,423
		0,88	2,2	3,5	2,3	1,9	2,38	
	primavera	0,067	0,178	0,264	0,070	0,036	0,117	0,732
2002		1,1	5,0	5,5	3,5	3,0	5,1	
	verão	0,116	0,319	1,104	0,115	0,069	0,515	2,238
		1,9	9,0	23,0	5,75	5,75	22,4	
	outono	0,128	0,142	0,096	0,095	0,024	0,031	0,516
		2,1	4,0	2,0	4,75	2,0	1,35	
Média anual		0,091	0,179	0,408	0,081	0,038	0,1790,2	0,977

4.2 Variação do teor de sais solúveis em água sob o método de irrigação de sequeiro

Na rega por aspersão, o consumo de água diminuiu duas vezes. A taxa de irrigação foi fixada em 3000 m^{3}/ha. Com uma taxa de irrigação de 200 m^{3} foram efectuadas 15 irrigações com água da torneira altamente mineralizada. Neste caso, os aspersores de chuva foram colocados a uma altura de 50-60 cm da superfície do solo.

Sabe-se que a irrigação por aspersão, nas condições agrotécnicas aceites, é acompanhada pela compactação da superfície e pela formação de crosta no solo. Isto, por sua vez, aumenta o consumo de água para o escoamento superficial. No entanto, no âmbito da tecnologia agrícola biointensiva, a presença de cobertura vegetal proveniente de resíduos de culturas evita estes fenómenos negativos em maior medida.

Na irrigação por aspersão com uma taxa de irrigação mais baixa, as alterações no teor de sais solúveis em água por estações do ano têm algumas particularidades. Durante o primeiro ano de rega por aspersão, estes solos foram considerados como altamente salinos e cloreto-sulfato por tipo de salinização. Durante o ano, o valor dos sais totais variou de 1,098 a 1,620% em peso, e o valor de Cl e SO_4 de 0,107 a 0,284 e de 0,505 a 0,890% em peso, respetivamente (Quadro 4.2.2).

Em 2001 e 2002, nestes solos, o tipo de salinidade mantém-se como em 2000, do tipo cloreto-sulfato. Na primavera de 2001 a salinidade destes solos diminui para ligeiramente salina (soma de sal 0,591%), e no resto do ano a salinidade dos solos mantém-se ao nível de fortemente salina (soma de sal entre 1,041-1,886%).

Quadro 4.2.2.

Variação do teor de sais solúveis em água (%/mg-eq) na camada de 0-30 cm sob o método de irrigação de sequeiro

Anos	Estações do ano	HCO3	Cl	SO4	Ca	Mg	Na+K	Esols, %
	inverno	0,061	0,231	0,828	0,140	0,055	0,305	1,620
		1,0	6,5	17,25	7,0	4,5	13,25	
	primavera	0,049	0,156	0,542	0,136	0,010	0,205	1,098
2000		0,8	4,4	11,3	6,8	0,8	8,9	
	verão	0,079	0,284	0,504	0,190	0,079	0,087	1,223
		1,3	8,0	10,5	9,5	6,5	3,8	
	outono	0,104	0,107	0,890	0,020	0,030	0,454	1,605
		1,7	3,0	18,55	1,0	2,5	19,75	
Média anual		0,073	0,194	0,691	0,121	0,043	0,262	1,386
	inverno	0,079	0,373	0,636	0,105	0,082	0,300	1,579
		1,3	10,5	13,25	5,25	6,79	13,09	
	primavera	0,051	0,064	0,302	0,062	0,026	0,086	0,591
2001		0,84	18	6,3	3,1	2,1	3,74	
	verão	0,067	0,178	0,480	0,125	0,039	0,152	1,041
		1,1	5,0	10,0	6,25	3,29	6,6	
	outono	0,067	0,497	0,720	0,169	0,073	0,364	1,886
		1,1	14,0	15,0	8,25	6,0	15,85	
Média anual		0,066	0,278	0,534	0,114	0,055	0,225	1,274
	inverno	0,075	0,082	0,182	0,038	0,022	0,083	0,482
		1,24	2,3	3,8	1,9	1,85	3,59	
	primavera	0,052	0,074	0,216	0,065	0,013	0,073	0,493
2002		0,86	2,1	4,5	3,25	1,05	3,16	

	verão	0,116	0,160	0,648	0,160	0,030	0,216	1,33
		1,9	4,5	13,5	8,0	2,5	9,4	
	outono	0,063	0,050	0,096	0,026	0,012	0,049	0,296
		1,04	1,4	2,0	1,3	1,0	2,14	
Média anual		0,076	0,091	0,285	0,072	0,019	0,105	0,650

Em 2002, os solos altamente salinos são encontrados apenas no verão (1,330%), e durante o resto do ano a salinidade desce para o grau de solos ligeiramente a moderadamente salinos (Quadro 4.2.2).

A quantidade máxima total de sais solúveis em água no inverno de 2001 atingiu 1,886%, e a mínima no outono de 2002 (0,296%). A média ponderada da soma de sais solúveis em água sob irrigação de sequeiro nos anos estudados variou de 0,650 (2002) a 1,386% (2000).

Assim, sob o método de irrigação de sequeiro durante a estação de crescimento, mesmo com uma taxa de irrigação reduzida em duas vezes (3000 m^3/ha) no contexto da tecnologia biointensiva, ocorre alguma dessalinização do solo na camada arável, exceto na estação do verão.

4.3 Mudança no teor de sais solúveis em água sob o método de irrigação por gotejamento

O método de gotejamento é um dos métodos progressivos de poupança de água na irrigação de vegetais e outras culturas. Sob este método, as culturas hortícolas foram irrigadas com uma taxa de irrigação de 1500 m^3, e uma taxa de irrigação de 100 m^3. As mangueiras de gotejamento foram instaladas a uma altura de cerca de 5 cm acima da superfície do solo. A mudança da influência deste método de irrigação no conteúdo de sais solúveis em água por estações do ano pode ser avaliada a partir dos dados da Tabela 4.3.3. Como mostrado pelos dados desta tabela para todos os anos de pesquisa, o solo dos campos experimentais também é caracterizado pelo tipo de salinização cloreto-sulfato. No inverno e no verão de 2000 e 2001, a soma dos sais na camada de 0-30 cm foi de 0,948-0,911%, e 0,595 e 0,841%, respetivamente, em peso, e devem ser referidos ao tipo fracamente e moderadamente salino, e no resto do ano ao tipo fortemente salino. Em 2002, a soma dos sais excede a unidade e pertence ao tipo fortemente salino.

Quadro 4.3.3.

Alteração do teor de sais solúveis em água (%/mg-eq) na camada de 0-30 cm sob o método de irrigação por gotejamento

Anos	Estações do ano	HCO3	Cl	SO4	Ca	Mg	Na+K	Esols, %
	inverno	0,060	0,151	0,442	0,112	0,027	0,152	0,948
		1,05	4,24	9,2	5,6	2,3	6,6	
	primavera	0,049	0,224	0,941	0,177	0,077	0,262	1,730
2000		0,72	6,3	19,6	8,82	6,38	11,4	
	verão	0,067	0,167	0,408	0,128	0,043	0,098	0,911
		1,1	4,7	8,5	6,4	3,6	4,3	

	outono	0,043	0,443	0,792	0,185	0,060	0,356	1,879
		0,7	12,5	16,5	9,2	5,0	15,5	
Média anual		0,055	0,246	0,645	0,150	0,052	0,217	1,367
	inverno	0,046	0,121	0,245	0,088	0,018	0,077	0,595
		0,76	3,4	5,1	4,4	1,5	3,36	
	primavera	0,073	0,177	0,792	0,150	0,018	0,315	1,525
2001		1,2	5,0	16,5	7,5	1,5	13,7	
	verão	0,085	0,177	0,336	0,180	0,042	0,021	0,841
		1,4	5,0	7,0	9,0	3,5	0,9	
	outono	0,073	0,462	0,528	0,090	0,036	0,407	1,596
		1,2	13,0	11,0	4,5	3,0	17,7	
Média anual		0,069	0,234	0,475	0,127	0,028	0,205	1,139
	inverno	0,085	0,391	0,600	0,150	0,036	0,331	1,593
		1,4	11,0	12,5	7,5	3,0	14,4	
	primavera	0,055	0,195	0,432	0,110	0,015	0,199	1,006
2002		0,9	5,5	9,0	5,5	1,29	8,69	
	verão	0,067	0,195	0,588	0,155	0,030	0,198	1,233
		1,1	5,5	12,25	7,75	2,5	8,6	
	outono	0,067	0,231	0,516	0,085	0,033	0,261	1,193
		1,1	6,5	10,75	4,25	2,75	11,35	
Média anual		0,068	0,253	0,534	0,125	0,028	0,247	1,256

Assim, quando se utiliza o método de irrigação por gotejamento durante a estação de crescimento de culturas hortícolas na camada arável de solos salinos irrigados no fundo da tecnologia biointensiva não ocorreu a salinização esperada na taxa de irrigação de 1500m^3. Aparentemente, isso é explicado pelo facto de que no método de irrigação por gotejamento na taxa de irrigação especificada e sob as condições climáticas da cidade de Nukus, as condições para a sua restauração na superfície do solo são realmente criadas

4.4 Alterações no teor de sais solúveis em água sob o método de irrigação no solo

O método de irrigação no solo é também um método progressivo de poupança de água, permitindo fornecer água diretamente às raízes das culturas hortícolas e outras. Testámos dois métodos de irrigação no solo para culturas hortícolas.

1. Ao utilizar tubos flexíveis de impregnação

Este método é derivado da América. Testado em conjunto com o pessoal da NASN e da La Motte (EUA). O trabalho foi efectuado numa base contratual. O método é altamente eficaz e conveniente para o trabalho. Com este método, a taxa de irrigação e a irrigação também são adoptadas respetivamente 1500 e 100 m^3, ou seja, quatro vezes menos do que com a irrigação por sulcos.

Em todos os anos de pesquisa em irrigação no solo com o uso de mangueiras de imersão, as seguintes caraterísticas são encontradas no caráter de distribuição de sais solúveis em água:

a) no extrato aquoso, o teor de ião cloro é inferior ao de sulfato e estes solos também se caracterizam por uma salinização do tipo cloreto-sulfato.

b) de acordo com o conteúdo de sais totais nos períodos de inverno e outono de 2000 em arável 0-30 cm. camada de solo por grau pertence a muito fortemente salina, e na primavera e verão - a fortemente salina. O teor de sais totais nestes períodos do ano foi de 2,091-2,725 e 1,719 e 1,527 por cento em peso, respetivamente (Tabela 4.4.4).

c) para os períodos de 2001, estes solos estavam altamente salinizados e o valor da soma de sais variou entre 1,218-1,590% em peso.

Tabela 4.4.4.

Variação do teor de sais solúveis em água (%/mg-eq) na camada de 0-30 cm sob irrigação no solo **(mangueira de imersão)**

Anos	Estações do ano	NCOz	Cl	SO4	Ca	Mg	Na+K	Σ sais, %
2000	inverno	0,104 1,7	0,355 10,0	0,972 20,2	0,190 9,5	0,054 4,5	0,413 17,95	2,091
	primavera	0,079 1,4	0,248 7,0	0,876 18,25	0,200 10,0	0,073 6,0	0,243 10,55	1,719
	verão	0,079 1,3	0,337 9,5	0,636 13,25	0,200 10,0	0,550 4,50	0,220 9,55	1,527
	outono	0,150 2,6	0,106 3,0	1,608 33,5	0,060 3,0	0,061 5,0	0,715 31,1	2,725
Média anual		0,103	0,261	1,023	0,162	0,184	0,397	2,015
2001	inverno	0,183 3,0	0,177 5,0	0,744 15,5	0,090 4,5	0,045 3,79	0,351 15,29	1,590
	primavera	0,061 1,0	0,142 4,0	0,636 13,25	0,035 1,75	0,039 3,29	0,305 13,25	1,218
	verão	0,043 0,7	0,213 6,0	0,672 14,0	0,070 3,5	0,033 2,75	0,332 14,45	1,363
	outono	0,061 1,0	0,284 8,0	0,780 16,25	0,040 2,0	0,173 14,25	0,207 9,0	1,545
Média anual		0,087	0,204	0,708	0,058	0,072	0,298	1,429
2002	inverno	0,043 0,7	0,213 6,0	0,372 7,75	0,090 4,5	0,048 4,0	0,137 5,95	0,903
	primavera	0,073 1,2	0,355 10,0	0,144 30,0	0,210 10,5	0,061 5,0	0,591 25,7	0,239
	verão	0,063 1,04	0,106 3,0	0,264 5,5	0,044 2,2	0,011 0,9	0,148 6,44	0,636
	outono	0,085 1,4	0,107 3,0	0,252 5,25	0,069 3,25	0,036 3,0	0,078 3,4	0,623
Média anual		0,066	0,195	0,258	0,102	0,039	0,238	0,600

1) em todos os períodos de 2002, a diminuição do grau de salinização da camada de 0-30 cm dos solos foi fixa.

Por grau de salinização durante o ano os solos dos campos experimentais tinham a seguinte caraterística - no inverno a soma de sais é 0,901% - salino médio; na primavera - soma de sais - 0,239% - não salino; no verão - soma de sais - 0,636% - salino médio; na média do ano - soma de sais - 0,600% - ligeiramente e médio salino. Por tipo - cloreto de sulfato.

A dessalinização bastante notável dos solos na irrigação com a utilização de mangueiras de imersão, com a redução da taxa de irrigação em quatro vezes, atesta a melhoria deste método em comparação com o anterior. Apesar da eficiência relativamente alta do método de irrigação no solo com a utilização de mangueiras de impregnação, a sua aplicação generalizada nas nossas condições é limitada. O facto é que as mangueiras de impregnação são fabricadas nos EUA, e a organização da sua produção nas nossas condições requer grandes recursos e dinheiro. Em conexão com o acima exposto, desenvolvemos um novo método de irrigação no solo usando garrafas de plástico. Este método é considerado melhor do que todos os métodos anteriores, incluindo o americano, altamente eficaz, economizador de água, não tem análogos na República do Uzbequistão e no mundo. O principal material para a sua produção pode ser o lixo doméstico mais comum, as garrafas de plástico, cuja quantidade é ilimitada.

2. Quando se utilizam garrafas de plástico (resíduos domésticos)

Este método foi desenvolvido pela primeira vez por nós. É um método não intensivo em materiais, economizador de água, produtivo, amigo do ambiente, orientado para a exportação, competitivo, patenteável e de conceção simples. Utiliza mangueiras de borracha comuns de produção nacional em vez de mangueiras de impregnação. Não tem análogos no Uzbequistão e no mundo.

Algumas peculiaridades do regime de sais dos solos dos campos experimentais para os anos de investigação podem ser identificadas pelos dados do Quadro 4.4.5.

Em 2000-2001, os solos dos campos experimentais são classificados por tipo como solos cloreto-sulfato. Durante o período mencionado, são caracterizados como solos muito fortes e altamente salinos por soma de sal.

O teor da soma de sais no inverno é de 3,472 - 3,631%, e no resto do ano de 0,890 - 1,701% do peso do solo. Em 2002 o carácter da salinização muda um pouco e passa para o tipo cloreto de sulfato. No inverno e na primavera do mesmo ano, estes solos permanecem na categoria de fortemente e muito fortemente salinos pela soma de sais, e no verão e no outono são moderadamente e fortemente salinos. O valor da soma de sais é: no inverno e na primavera, respetivamente, 2,768 e 1,028%, e no verão e no outono, 0,581 e 0,665% em peso.

Tabela 4.4.5.

Alteração do teor de sais solúveis em água (%/mg-eq) na camada de 0-30 cm sob irrigação no solo (garrafa de plástico)

Anos	Estações do ano	NCOz	Cl	SO4	Ca	Mg	Na + K	Σ sais, %
2000	inverno	0,122 2,0	0,781 22,0	1,560 32,5	0,180 9,0	0,289 24,0	0,540 23,5	3,472
	primavera	0,061 1,0	0,124 3,5	0,564 11,75	0,120 6,0	0,060 5,0	0,121 5,25	1,050
	verão	0,091 1,5	0,391 11,0	0,672 14,0	0,130 6,5	0,049 4,0	0,368 16,0	1,701
	outono	0,110 1,8	0,266 7,5	0,679 14,15	0,090 4,5	0,049 4,0	0,344 14,95	1,538
Média anual		0,096	0,390	0,869	0,130	0,112	0,343	1,940
2001	inverno	0,122 2,0	0,355 10,0	1,992 41,5	0,200 10,0	0,042 3,5	0,920 40,0	3,631
	primavera	0,067 1,1	0,177 5,0	0,360 7,5	0,140 7,0	0,006 0,5	0,140 6,1	0,890
	verão	0,055 0,9	0,213 6,0	0,648 13,5	0,075 3,75	0,036 3,0	0,314 13,65	1,341
	outono	0,049 0,8	0,142 4,0	0,780 16,25	0,060 3,0	0,021 1,75	0,375 16,3	1,427
Média anual		0,073	0,222	0,945	0,119	0,026	0,437	1,822
2002	inverno	0,110 1,8	0,781 22,0	0,426 12,0	1,344 28,0	0,200 10,0	0,049 4,0	2,768
	primavera	0,049 0,8	0,124 3,5	0,092 2,6	0,552 11,5	0,028 1,4	0,003 0,3	1,028
	verão	0,049 0,8	0,391 11,0	0,099 2,8	0,245 5,1	0,026 1,3	0,008 0,7	0,581
	outono	0,049 0,8	,266 7,5	0,064 1,8	0,341 7,1	0,028 1,4	0,008 0,7	0,665
Média anual		0,064	0,390	0,170	0,620	0,070	0,017	1,260

Como mostram os dados da Figura 10, o teor da soma de sais no horizonte arável é visivelmente mais elevado em comparação com outras variantes de irrigação, especialmente com as variantes em que se utilizou a irrigação por chuva e mangueiras de imersão. Parece-nos que este facto pode ser explicado de duas maneiras.

1. A utilização de garrafas de plástico para irrigação cria condições para a migração de sal das camadas profundas do horizonte arável.

2. Em certa medida, este método apresenta imperfeições, pelo que é necessário continuar a investigação neste sentido. No entanto, pode concluir-se que o método de irrigação no solo com a utilização de garrafas de plástico, pela sua indicação, é uma tecnologia de poupança de água (taxa de irrigação de 1500 m^3/ha) no âmbito do método biointensivo de cultivo, e pode ser recomendado para um teste de produção alargado com posterior implementação na produção no cultivo de hortícolas e melão.

Capítulo 5. Influência de diferentes métodos de irrigação e da tecnologia biointensiva na fertilidade de solos salinos aluviais de prados irrigados

5.1 Influência do método de irrigação por sulcos nas alterações do teor de elementos químicos no solo

Ao cultivar culturas hortícolas no método tradicional de irrigação por sulcos, não aplicámos a irrigação de lixiviação outono-inverno em solos salinos irrigados, ou seja, no outono, o teor de sais solúveis em água na água de irrigação varia entre 0,95% (2002) e 1,25% (2001), o que, por sua vez, conduzirá à salinização secundária dos solos irrigados. As parcelas experimentais foram irrigadas com água da torneira de alta salinidade, o que, por sua vez, também induziu a salinização secundária dos solos. Os campos experimentais foram irrigados 7 vezes (abril, maio, junho, julho, agosto, setembro e outubro) com uma taxa de irrigação de 880 m^3. No outono de 1999, foram aplicados fertilizantes orgânicos (composto) sob o campo de cereais à taxa de 5t/ha e foram cultivados cereais de inverno (trigo) e leguminosas (ervilhaca). No inverno, em janeiro, foram colhidas amostras de solo da camada arável (030 cm) para análises laboratoriais.

Os resultados do estudo mostraram que a média anual ponderada do teor de húmus foi de 1,81% em 2000, 2,247% em 2001 e 2,573% em 2002 (Quadro 5.1.1). Isto indica que a irrigação tradicional por sulcos e a aplicação anual de fertilizantes orgânicos sob a forma de estrume líquido, composto e sideratos criam condições para a acumulação de húmus no horizonte arável dos solos.

O teor médio ponderado de azoto amoniacal em 2000 era de 65,5 mg/kg, e no terceiro ano da experiência diminuiu para 62,1 mg/kg. Isto explica-se pelo facto de parte do azoto amoniacal ser intensamente utilizado pelas plantas e também lavado com a água de irrigação para as camadas profundas do solo.

Registou-se um aumento do teor de nitrato e nitrito de azoto. Isto deve-se ao cultivo anual de cereais e leguminosas e à aplicação de matéria orgânica. Os seus valores aumentam, respetivamente, de 10,9 mg/kg (2000) para 17,3 mg/kg (2000) e de 37 (2000) para 50,0 mg/kg (2000) (Quadro 5.1.1). O valor do pH mantém-se quase no mesmo nível de cerca de 7,1-7,5. (Quadro 5.1.1). A irrigação com água da torneira com elevada mineralização tem a sua influência no teor de elementos químicos dos solos em todos os anos de investigação.

O teor máximo de cloro foi registado no verão de 2002 (8680 mg/kg) e o mínimo no outono de 2001 (1220 mg/kg). O seu valor médio anual em 2002 quase duplicou em relação a 2000 (quadro 5.1.2).

O teor máximo de sulfato foi observado na primavera de 2002 e o mínimo no inverno de 2000 (115,9 mg/kg). A média ponderada de sulfato para o ano, durante a experiência, aumentou gradualmente de 233 para 344,6 mg/kg.

Quadro 5.1.1.

Alterações sazonais e anuais do teor de húmus, formas móveis de azoto, fósforo, potássio e pH na camada de 30 cm sob o método de irrigação por sulcos

Anos	Estações do ano	Húmus %	N-NH4 mg/kg	N-NO2 mg/kg	N-NO3 mg/kg	P2O5 mg/kg	K2O mg/kg	pH
2 0 0 0	inverno	1,93	46,5	8,4	37	36,8	304,7	6,8
	primavera	1,97	92,0	14,8	50	16,1	398,3	8,1
	verão	1,89	75,5	19,7	40	40,5	201,1	7,8
	outono	1,5	48,0	0,8	22	21,6	304,7	7,1
Média anual		1,82	65,5	10,9	37,25	28,7	302,2	7,5
2 0 0 1	inverno	2,302	54,3	8,1	44,0	42,1	401,1	7,0
	primavera	2,505	76,5	14,1	54,0	39,1	467,3	7,5
	verão	2,100	64,3	21,2	41,0	40,4	253,1	6,9
	outono	2,083	51,1	7,2	37,0	24,1	308,1	7,2
Média anual		2,247	61,5	12,6	44,0	36,4	357,4	7,1
2 0 0 2	inverno	2,234	76,4	12,4	48,0	40,4	561,3	7,2
	primavera	2,640	66,4	16,4	62,0	37,1	520,3	7,1
	verão	2,662	51,1	22,4	48,0	40,1	466,1	6,8
	outono	2,757	54,4	18,1	42,0	28,1	428,7	7,3
Média anual		2,573	62,1	17,3	50,0	36,42	494,1	7,1

Em todos os anos do estudo, o teor máximo de cálcio foi registado na primavera. Este facto parece estar relacionado com a posição bem conhecida de que a solubilidade dos sais de carbonato, incluindo o CaCOs, aumenta a baixa temperatura da solução do solo, ou seja, na primavera e no inverno. O teor máximo de magnésio também foi observado na primavera e variou de 546,1-567,8 mg/kg. Isto deve-se aparentemente ao aumento do teor de magnésio na irrigação e na água potável no inverno e na primavera.

O seu teor mínimo foi registado no inverno de 2002 (146,0 mg/kg). Em geral, detecta-se um aumento do magnésio no final da investigação, variando entre 368,8 mg/kg em 2000 e 399,4 mg/kg em 2002.

O teor de manganês é mais estável durante o ano e durante todos os anos de investigação. No entanto, o enriquecimento dos solos com este elemento foi registado no último ano de 2002. Este facto atesta a melhoria da fertilidade dos solos aluviais de prados irrigados sob o método de agricultura biointensiva. O valor médio anual de manganês para os anos de observação aumentou de 90,9 mg/kg para o 97,6 *mg/kg.*

Sob a influência da tecnologia biointensiva, detecta-se o enriquecimento dos solos com o oligoelemento cobre. A distribuição do cobre por estações do ano e por índices médios para os anos de investigação tem as suas próprias peculiaridades. O valor mínimo para todos os anos de experiências foi registado no verão (Quadro 5.1.2)

O valor máximo de ferro é encontrado em todos os anos de observação no inverno, e o valor mínimo no outono. Em geral, no horizonte arável dos solos estudados, nos últimos dois anos, o ferro acumulou-se 6-7 vezes mais do que no início da investigação.

Assim, na aplicação sob culturas hortícolas, irrigação por sulco em condições de aplicação anual de fertilizantes orgânicos na taxa de 15 t/ha sob a forma de composto, siderato e cobertura morta, há um aumento do húmus em comparação com o indicador inicial 1,42 vezes (Fig.11).

Durante o cultivo intensivo de culturas hortícolas, no contexto da matéria orgânica e da irrigação por sulcos, o húmus acumula-se muito lentamente e o teor de azoto amoniacal diminui.

A acumulação de nitrato e nitrito de azoto, fósforo (Fig.13) e potássio nos solos é revelada, e o pH do solo permanece constante. O teor de cloro aumenta duas vezes, o teor de sulfato e cálcio aumenta de forma insignificante. Os teores de magnésio, manganês e cobre registaram um aumento acentuado, e o ferro aumentou 6-7 vezes.

Quadro 5.1.2.

Alterações sazonais e anuais do teor de substâncias químicas na camada de 030 cm sob o método de irrigação por sulcos

Anos,	Estações do ano	CL mg/kg	SO4 mg/kg	Ca mg/kg	Mg mg/kg	Mn mg/kg	Cu mg/kg	Fe mg/kg
2000	inverno	2840	115,9	9329	198,4	99,7	2,2	0,6
	primavera	2520	184,0	11209	547,2	82,8	3,0	0,4
	verão	1740	288,2	8227	422,4	99,7	1,8	0,2
	outono	1440	344,2	6128	307,2	99,7	2,4	0,8
Média anual		2135	233,0	8723	368,8	95,4	2,3	0,5
2001	inverno	2815	133,4	5720	166,0	86,5	3,1	5,1
	primavera	2560	351,0	10556	567,8	82,1	2,4	4,0
	verão	1280	296,1	7698	465,7	96,2	2,2	4,4
	outono	1220	200,0	5158	398,1	98,9	2,8	1,8
Média anual		1968	245,1	7283	399,4	90,9	2,6	3,8
2002	inverno	2460	298,2	6420	146,0	98,9	4,1	4,8
	primavera	1268	484,1	10240	546,1	107,1	3,8	4,0
	verão	8680	276,0	6200	465,7	82,1	2,2	2,2

	outono	7844	320,0	7460	424,4	98,9	2,1	0,8
Média anual		5063	344,6	7580	395,5	96,7	3,0	2,9

5.2 Influência do método de rega de sequeiro nas alterações do teor de elementos químicos no solo

Como já foi mencionado, o principal objetivo da nossa investigação é enriquecer a camada arável de 0-30 cm do solo com produtos orgânicos e criar um solo fértil, sem a utilização de produtos químicos tóxicos e fertilizantes minerais, para obter uma produção elevada e ecologicamente limpa de culturas hortícolas; em segundo lugar, selecionar as melhores opções para a irrigação de culturas hortícolas com um consumo mínimo de água de irrigação. Nesta secção, analisaremos o comportamento dos elementos químicos no solo sob irrigação por aspersão. Vamos salientar que a rega por aspersão está associada à compactação das camadas superiores do solo, à formação de crosta no solo e ao consumo de parte da água para escoamento superficial.

No estado inicial, estes solos têm um baixo teor de húmus. O seu teor na camada de 0-30 cm é de 0,67% e o teor de fósforo e potássio é elevado. No âmbito da tecnologia bio-intensiva e da irrigação por aspersão (regada com água mineralizada da torneira), verificaram-se algumas alterações no teor de húmus, nutrientes e outros elementos químicos do solo (Quadro 5.2.3). No âmbito da tecnologia bio-intensiva, nos primeiros anos do estudo, o processo de formação do solo é acompanhado por uma rápida acumulação de húmus no horizonte arável dos solos salinos aluviais dos prados, que passam a ser considerados solos com elevado teor de húmus. O teor médio anual de húmus aumenta gradualmente de 1,66% em 2000 para 2,709% em 2002.

Quadro 5.2.3.

Alterações sazonais e anuais no teor de húmus, formas móveis de azoto, fósforo, potássio e pH na camada de 30 cm sob o método de irrigação de sequeiro

Anos	Estações do ano	Húmus %	$N\text{-}NH_4$ mg/kg	N-NO2 mg/kg	N-NO3 mg/kg	P2O5 mg/kg	K2O mg/kg	pH
	inverno	1,44	13,0	4,7	148,0	23,6	159,0	6,4
	primavera	1,99	15,1	53,0	152,1	12,6	511,6	8,4
	verão	1,66	27,5	6,9	58,0	29,9	521,0	7,5
2000	outono	1,55	33,5	5,8	152,1	20,7	468,3	7,6
Média anual		1,66	56,2	17,6	127,5	21,7	414,9	7,5
	inverno	3,193	4,5	3,0	152,1	28,8	139,9	6,8
	primavera	2,435	37,5	14,8	129,0	20,7	370,1	7,5
	verão	2,196	27,5	5,8	152,1	15,2	511,6	7,8
2001	outono	2,320	37,5	4,7	152,1	15,2	520,1	7,0

Média anual		2,525	26,7	7,1	146,3	19,9	385,4	7,3
2002	inverno	2,890	115,0	4,2	54,0	16,2	152,0	6,4
	primavera	3,526	22,2	4,9	78,0	19,5	103,5	7,0
	verão	2,723	29,6	5,6	70,0	23,1	511,6	7,4
	outono	2,698	36,9	5,7	130,8	18,2	472,3	7,2
Média anual		2,709	50,9	5,1	83,2	19,2	309,8	7,0

O teor máximo de azoto nítrico foi registado no outono de 2000 e 2002 (152,1%), e em 2002 o seu valor diminuiu quase 3 vezes. O valor médio anual deste elemento diminuiu 1,5 vezes até 2002. Verifica-se uma regularidade semelhante no teor de formas móveis de fósforo e potássio. Os resultados da investigação mostraram que em todos os anos de investigação estes solos estavam num estado de baixo teor de formas móveis de P2O5. Quanto ao K2O, pelo contrário, estes solos encontravam-se num estado de elevado e alto fornecimento de formas móveis de P2O5. A única razão para este fenómeno pode ser o facto de os materiais de fabrico do composto conterem uma quantidade insignificante de P2O5. Este facto, por sua vez, exige que sejam adicionados ao conjunto de materiais de compostagem elementos com elevado teor de fósforo.

O Quadro 5.2.4 fornece dados sobre a mudança no conteúdo de substâncias químicas na camada de 0-30 cm sob irrigação de sequeiro. Destes elementos, o teor dos oligoelementos Mn e Cu é de importância prática. De acordo com o valor médio anual para os anos de investigação, os solos dos campos experimentais são normalmente fornecidos com manganês, exceto no inverno, quando o manganês é em quantidade insuficiente.

Quadro 5.2.4.

Alterações sazonais e anuais do teor de substâncias químicas, na camada de 0-30 cm sob o método de irrigação de sequeiro

Anos	Estações do ano	CL mg/kg	SO4 mg/kg	Ca mg/kg	Mg mg/kg	Mn mg/kg	Cu mg/kg	Fe mg/kg
2000	inverno	2200	121,8	1120	595,2	35,0	3,2	1,8
	primavera	2640	344,2	2960	465,6	100,1	0,3	0,2
	verão	2780	344,9	608	290,4	99,7	0,2	2,0
	outono	1560	172,1	2832	326,4	100,7	2,4	0,8
Média anual		2295	245,7	1880	404,4	83,8	1,5	1,2
2001	inverno	1760	110,4	1296	278,4	42,4	15,2	1,7
	primavera	1680	344,2	8916	143,4	99,7	0,6	0,4
	verão	840	156,9	3982	278,4	99,7	1,6	0,2
	outono	1040	344,2	1680	720,0	99,7	0,5	1,1
Média anual		1330	238,9	3968,5	355,0	85,3	4,4	0,8
2002	inverno	840	144,1	2200	440	38,2	1,2	2,6
	primavera	1100	156,6	4200	560	85,5	0,2	1,1
	verão	400	172,1	1000	120	99,7	0,9	0,8
	outono	980	348,0	2300	630	98,9	1,8	0,9

Média anual	830	205,2	2425	43,7	80,5	1,0	1,3

O oligoelemento Cu nestes solos é deficiente na primavera e no verão. No ciclo anual médio, estes solos são enriquecidos com cobre.

Assim, no cultivo de culturas hortícolas sob tecnologias biointensivas com a utilização de irrigação de sequeiro com uma taxa de irrigação anual de 3000 m2/ha, há um aumento do teor de húmus em comparação com o estado inicial dos solos em 1,63 vezes (Fig. 11). O teor de azoto amoniacal -2 vezes, azoto nitrato-3 vezes, azoto nitrito-1,5 vezes, fósforo-1,2 vezes, potássio-1,3 vezes, cloro 1,5-2,0 vezes, sulfato-1,2 vezes diminui nos solos estudados. O teor de cálcio - 2,0 vezes. O teor de magnésio, manganês, cobre e ferro aumenta acentuadamente. Verifica-se que o cobre e o ferro se acumulam na estação fria.

5.3 Influência do método de irrigação por gotejamento nas mudanças do conteúdo de elementos químicos no solo

As culturas hortícolas foram cultivadas com fertilizantes orgânicos e irrigadas com uma taxa de irrigação de 1500 m^3/ha usando o método de irrigação por gotejamento. A irrigação foi efectuada 15 vezes a uma taxa de 100 m^3/ha.

A pesquisa conduzida mostra que na aplicação do método de irrigação por gotejamento por três anos, o conteúdo médio ponderado de húmus na camada de 0-30 cm variou de 1,39 a 2,788% em peso e estes solos são referidos como solos médios fornecidos com húmus (Tabela 5.3.5.). O teor de azoto amoniacal aumentou quase duas vezes em relação a 2000 e em 2002 era de 49,5 mg/kg (quadro 5.3.5).

O teor médio ponderado de nitrito e nitrato de azoto, fósforo e potássio diminui acentuadamente. O indicador pH caracteriza-se por um valor entre 6,8 e 7,5%. O fornecimento de formas móveis de fósforo a estes solos em 2000 e 2001 é baixo, e em 2002 é muito baixo. O fornecimento de formas móveis de potássio aos solos dos campos experimentais em 2000 e 2002 é elevado, e em 2002 é baixo.

Assim, quando se utiliza a irrigação por gotejamento para as culturas hortícolas no contexto da tecnologia biointensiva na camada arável do solo, o teor de húmus em comparação com o estado inicial aumenta 1,7 vezes, o azoto amoniacal 2 vezes. O conteúdo médio ponderado de nitrato, nitrito de azoto, fósforo e potássio diminui.

Tabela 5.3.5.

Alterações sazonais e anuais no teor de húmus, formas móveis de azoto, fósforo, potássio e pH na camada de 30 cm sob métodos de irrigação por gotejamento

Anos	Estações do ano	Húmus %	N-NH4 mg/kg	N-NO2 mg/kg	N-NO3 mg/kg	P2O5 mg/kg	K2O mg/kg	pH
2000	inverno	1,39	44,5	3,0	152,1	28,8	139,9	6,8
	primavera	1,89	37,5	14,8	129,0	20,7	370,1	7,1
	verão	1,60	27,5	5,8	152,1	15,2	511,6	7,6
	outono	1,91	37,5	4,7	152,1	15,2	520,1	6,8

Média anual		1,69	26,7	7,0	146,3	19,7	450,2	7,7
2 0 0 1	inverno	2,44	57,0	6,8	176	18,5	110,3	6,1
	primavera	2,787	31,0	11,3	102	33,4	146,1	7,4
	verão	2,228	59,0	15,1	151	19,1	244,1	7,0
	outono	2,106	37,9	5,9	121	20,1	239,8	6,8
Média anual		2,392	46,2	7,2	137,5	22,7	185,0	6,8
2 0 0 2	inverno	2,446	49,0	4,6	151,0	11,4	288,1	7,1
	primavera	2,192	46,0	6,8	133,0	3,8	255,8	8,1
	verão	2,342	57,0	9,4	122,0	8,6	572,9	7,6
	outono	2,788	46,1	4,8	110,0	13,1	639,2	7,1
Média anual		2,442	49,5	6,8	129,0	9,2	439,0	7,5

Dos sais solúveis em água, os iões de cloro diminuem 2 vezes. O cobre diminui 1,5-2,0 vezes e o ferro aumenta 2,0-2,5 vezes. O fornecimento de microelementos destes solos é ambíguo. A sua provisão com manganês é normal, e o cobre está aumentado (Quadro 5.3.6).

Tabela 5.3.6.

Variações sazonais e anuais do conteúdo de substâncias químicas (mg/kg) na camada de 30 cm sob o método de irrigação por gotejamento

Anos	Estações do ano	CL mg/kg	SO4 mg/kg	Ca mg/kg	Mg mg/kg	Mn mg/kg	Cu mg/kg	Fe mg/kg
2 0 0 0	inverno	1760	110,4	1296	278,4	42,2	15,2	1,7
	primavera	1680	344,2	8916	143,7	99,7	0,6	0,4
	verão	840	156,9	3982	278,4	99,7	1,6	0,2
	outono	1040	344,2	1680	720,0	99,7	0,5	1,1
Média anual		1330	238,9	3968,5	678,4	85,3	4,4	0,8
2 0 0 1	inverno	660	241,3	2330,0	502,1	21,1	7,8	7,1
	primavera	695	344,6	9586,0	629,8	87,7	1,4	1,1
	verão	295	230,8	498,7	422,5	40,5	7,1	3,2
	outono	265	201,7	1965,2	410,0	93,7	13	1,8
Média anual		478,7	254,6	3594,9	491,1	60,7	7,3	3,0
2 0 0 2	inverno	840	156,7	1200	278,4	57,1	8,1	8,4
	primavera	920	344,2	6600	620,0	99,7	1,6	0,8
	verão	800	172,1	4860	464,7	76,1	1,6	1,1
	outono	600	344,2	2840	400,4	99,7	0,6	1,4
Média anual		790	254,3	3875	440,8	83,1	2,9	2,9

5.4 Influência do método de irrigação no solo nas alterações do teor de elementos químicos no solo

Para a irrigação de culturas hortícolas, utilizámos pela primeira vez mangueiras de impregnação fabricadas no estrangeiro (EUA, Inglaterra), concebidas para o fornecimento de água ao solo.

Com a aplicação do método de irrigação no solo com a ajuda de mangueiras de imersão, observa-se um aumento do teor de húmus em 1,52 vezes, sendo caracterizados como solos com um teor médio de húmus.

Regista-se um aumento do teor de N-NO3 e uma diminuição do valor do fósforo. Em geral, e nesta variante, estes solos não estão providos de formas móveis de fósforo. O fornecimento de potássio nos solos dos campos experimentais é elevado e alto. A deficiência de fósforo está provavelmente relacionada com a pequena quantidade de compostos, que são aplicados como fertilizantes orgânicos (Quadro 5.4.7.).

O teor de cloro e sulfato diminui gradualmente, o de cálcio aumenta 2,3 vezes e o de magnésio 1,3 vezes. O teor médio ponderado de manganês diminui de 108,7 mg/kg para 99,7 mg/kg e estes solos mantêm-se ao nível do fornecimento normal e elevado de magnésio. O teor de mel varia de 1,2-1,9 mg/kg e os solos são altamente abastecidos com cobre. O teor de ferro mantém-se ao mesmo nível (Quadro 5.4.8.).

Assim, a utilização da mangueira de imersão para a irrigação no solo aumenta o teor de húmus, azoto nitrito, potássio, cálcio, magnésio, mel e diminui o teor de azoto amoniacal, azoto nitrato, fósforo e ferro, que se mantém ao mesmo nível.

Tabela 5.4.7.

Variações sazonais e anuais do teor de húmus, formas móveis de azoto, fósforo, potássio e pH na camada de 30 cm, sob o método de irrigação intra-lagoa (mangueira de imersão)

Anos	Estações do ano	Húmus %	N-NH4 mg/kg	N-NO2 mg/kg	N-NO3 mg/kg	P2O5 mg/kg	K2O mg/kg	pH
2000	inverno	1,25	89,0	18,5	144,0	31,0	207,0	7,2
	primavera	1,98	30,5	23,0	152,1	36,8	511,6	7,6
	verão	1,69	21,0	29,2	129,0	28,8	511,6	8,0
	outono	1,84	28,5	13,1	132,0	13,5	288,6	7,8
Média anual		1,69	42,4	20,9	139,2	27,5	379,7	7,6
2001	inverno	2,084	44,5	13,0	152,1	28,8	139,9	6,8
	primavera	2,079	37,5	14,8	129	20,7	370,1	7,5
	verão	1,873	27,5	5,8	152,1	15,2	511,6	7,8
	outono	2,070	37,5	4,7	152,1	15,2	520,1	7
Média anual		2,026	36,70	14,5	146,3	19,97	385,4	7,3
2002	inverno	2,605	28,1	15,4	134,7	20,1	176,0	8,1
	primavera	2,476	27,5	12,7	152,1	18,4	511,6	7,5
	verão	2,507	27,5	16,4	152,1	12,5	520,0	7,0
	outono	2,741	31,4	14,1	152,1	14,4	516,4	7,1
Média anual		2,582	28,6	14,6	147,7	16,3	431,0	7,6

Como resultado da nossa pesquisa, criámos um novo sistema de irrigação economizador de água a partir de resíduos domésticos, utilizando garrafas de plástico.

Tabela 5.4.8.

Alterações sazonais e anuais do teor de substâncias químicas na camada de 0-30 cm sob o método de irrigação em linha (mangueira de imersão)

Anos	Estações do ano	CL mg/kg	SO4 mg/kg	Ca mg/kg	Mg mg/kg	Mn mg/kg	Cu mg/kg	Fe mg/kg
2 0 0 0	inverno	1800	156,9	1680,0	100,8	135,8	2,0	1,1
	primavera	1560	344,2	2968,0	590,4	99,7	2,4	2,4
	verão	1400	344,9	723,2	411,8	99,7	0,6	0,6
	outono	600	344,2	1560,0	250,0	99,7	0,2	0,8
Média anual		1340	297,5	1732,8	338,2	108,7	1,3	1,2
2 0 0 1	inverno	1760	110,4	1296,0	278,4	42,4	5,2	1,6
	primavera	1680	344,2	8916,0	143,4	99,7	0,6	2,4
	verão	840	156,9	3982,0	278,4	99,7	1,6	0,2
	outono	1040	344,2	1680,0	720,0	99,7	0,5	1,1
Média anual		1330	238,9	3968,5	355,0	85,3	1,9	1,3
2 0 0 2	inverno	1120	160,1	1428	472,0	99,7	2,1	2,4
	primavera	1660	288,2	8400	486,4	99,7	1,4	1,6
	verão	840	168,1	4400	386,0	99,7	0,6	0,6
	outono	1200	240,4	2220	472,0	99,7	0,8	0,1
Média anual		1205	214,2	454,1	454,1	99,7	1,2	1,1

No novo sistema de irrigação com poupança de água, a água é fornecida diretamente às raízes das plantas no interior do solo. Neste método, a evaporação superficial da água de irrigação é completamente eliminada. A camada de solo arável não é compactada devido à irrigação. São criadas boas condições para a reprodução da microflora. Não há necessidade de afrouxar repetidamente a camada superior do solo durante o período de vegetação das plantas.

Quando se utilizam garrafas de plástico para a irrigação de culturas hortícolas como sistemas de irrigação, verifica-se um aumento do teor de húmus e dos solos em todos os anos do estudo, as formas médias de azoto amoniacal e nitrato são acumuladas principalmente nas estações inverno-primavera do ano. Nos períodos de vegetação de verão-outono (verão de 2000), a sua quantidade diminui, respetivamente, para 14 mg/kg e 22 mg/kg (Quadro 5.4.9.). O teor médio ponderado de nitritos diminui gradualmente com o passar dos anos. O indicador do pH do solo é normal.

Em todos os anos do estudo e nesta variante da experiência há pouco fornecimento de formas móveis de fósforo. Por isso, é necessário aplicar adubos com fósforo ou incluir materiais que contenham fósforo nos compostos. Durante os anos de investigação, os solos dos campos experimentais são moderada e altamente providos de formas assimiláveis de potássio (Fig.14). Registou-se uma certa diminuição do teor de manganês nos últimos anos do estudo (Quadro 5.4.10.) nos dois primeiros anos (2000, 2001) os solos estão normalmente abastecidos, e em 2002 estão insuficientemente abastecidos de manganês. Foi detectada uma acumulação excessiva de cobre e, de acordo com o fornecimento deste oligoelemento, é caracterizada como uma província de enriquecimento (solos RKK, distrito de Khojaili, livro 1, Tashkent - 1995).

Tabela 5.4.9.

Alterações sazonais e anuais do teor de húmus, formas móveis de azoto, fósforo, potássio e pH na camada de 0-30 cm sob o método de irrigação intra-lagoa (garrafa de plástico)

Anos	Estações do ano	Húmus %	N-NH4 mg/kg	N-NO2 mg/kg	N-NO3 mg/kg	P2O5 mg/kg	K2O mg/kg	PH
2000	inverno	1,19	75,5	25,3	152,0	34,4	165,2	6,5
	primavera	1,95	25,5	3,3	158,1	19,3	229,1	6,8
	verão	1,62	14	1,2	130,9	20,7	511,6	7,2
	outono	1,97	22	6,1	152,1	22,6	398,3	8,1
Média anual		1,68	34,25	8,975	148,27	24,75	326,05	7,1
2001	inverno	2,587	65,4	23,9	149,7	39,7	215,7	6,8
	primavera	2,640	54,2	4,8	136,5	35,9	219,1	7,0
	verão	2,085	41,9	2,7	127,8	24,6	312,9	7,2
	outono	2,256	34,5	6,9	145,3	21,5	299,5	7,4
Média anual		2,392	49,0	9,57	139,8	30,42	261,8	7,1
2002	inverno	2,881	30,4	14,1	152,1	41,7	345,4	7,6
	primavera	2,417	64,0	8,6	152,1	33,1	388,2	7,4
	verão	2,783	28,0	6,6	124,0	14,2	324,9	7,0
	outono	2,571	29,1	4,7	120,3	10,1	278,0	7,1
Média anual		2,688	36,3	8,5	137,1	24,7	334,2	7,2

O teor médio ponderado de iões de cloro durante três anos diminuiu 1,8 vezes, o de sulfato 1,5 vezes, o de cálcio e magnésio aumentou, o de manganês diminuiu constantemente para 62,2 mg/kg. O teor médio ponderado de cobre e ferro aumentou, respetivamente, 1,4-9,5 mg/kg e 1,3-4,5 mg/kg (Quadro 5.4.10.).

Assim, quando se utiliza o sistema de irrigação feito de garrafas de plástico (resíduos domésticos), a água de irrigação é distribuída dentro do solo diretamente para as raízes das plantas e poupa-se 4 vezes menos água do que a irrigação por sulcos, criam-se boas condições para os microrganismos do solo. Os recursos de mão de obra são poupados. A fertilidade do solo aumenta de forma constante. As formas de amónio e nitrato de azoto são principalmente acumuladas no inverno e na primavera do ano, e durante o período de vegetação a sua quantidade devido à nutrição das plantas diminui.

Assim, quando se utiliza o sistema de irrigação feito de garrafas de plástico (resíduos domésticos), a água de irrigação é distribuída dentro do solo diretamente para as raízes das plantas e poupa-se 4 vezes menos água do que a irrigação por sulcos, criam-se boas condições para os microrganismos do solo. Os recursos de mão de obra são poupados. A fertilidade do solo aumenta de forma constante. As formas de amónio e nitrato de azoto são principalmente acumuladas no inverno e na primavera do ano, e durante o período de vegetação a sua quantidade devido à nutrição das plantas diminui.

Tabela 5.4.10.

Alterações sazonais e anuais do teor de substâncias químicas (mg/kg) na camada de 0-30 cm sob o método de irrigação no solo (garrafa de plástico)

Anos	Estações do ano	CL mg/kg	SO4 mg/kg	Ca mg/kg	Mg mg/kg	Mn mg/kg	Cu mg/kg	Fe mg/kg
2000	inverno	2000	205,2	1920	336,0	66,8	2,4	2,1
	primavera	1400	344,2	1008	499,3	63,6	1,8	0,6
	verão	1800	344,9	840	408,0	99,7	1,0	0,6
	outono	920	344,2	2256	347,4	99,7	0,5	2,0
Média anual		1530	309,6	1506	397,6	82,4	1,4	1,3
2001	inverno	1800	245,5	1830,0	324,0	76,2	2,7	1,9
	primavera	1650	367,2	995,0	465,0	60,5	1,9	0,5
	verão	1900	370,3	865,0	409,0	93,4	1,2	0,65
	outono	2100	370,5	2143,0	365,0	95,0	0,9	1,75
Média anual		1862,5	338,3	1458,2	390,75	81,27	1,67	1,2
2002	inverno	1400	344,2	3200	584,1	99,7	6,2	2,84
	primavera	820	205,2	2459	447,3	56,4	7,4	2,21
	verão	600	196,4	2435	414,8	44,7	6,2	2,2
	outono	640	192,1	1842	416,0	48,0	6,2	3,8
Média anual		865,0	183,69	2484,0	465,55	62,2	6,5	2,76

Assim, os diferentes métodos de irrigação afectam de forma diferente a fertilidade dos solos salinos aluviais dos prados irrigados, por exemplo, no método de irrigação alimentado pela chuva, o teor de húmus bruto na primavera atinge 3,5% noutros métodos de irrigação (sulco, gotejamento, mangueira de imersão, garrafas de plástico) há uma tendência para a acumulação de húmus no contexto das tecnologias biointensivas (Fig. 11).

O teor de nitrogénio nitrato, fósforo móvel e potássio aumenta e diminui várias vezes por estações do ano (Fig.12,13,14).

Capítulo 6. Influência de diferentes métodos de irrigação e da tecnologia biointensiva no teor de matéria orgânica de solos salinos aluviais de prados irrigados

É muito urgente preservar e aumentar a fertilidade do solo e melhorar o seu estado de conservação no Baixo Amudarya, onde a cobertura do solo se degradou fortemente nos últimos anos devido à dessecação do Mar de Aral.

Na situação atual, os solos irrigados da região perderam significativamente a sua fertilidade. Para evitar estes fenómenos negativos, juntamente com as medidas de recuperação, é necessário regular o estado da parte orgânica dos solos irrigados. Como é sabido, a matéria orgânica é um dos principais critérios de fertilidade do solo, estando muitas propriedades básicas e regimes do solo intimamente relacionados com ela.

Os trabalhos fundamentais dos principais cientistas sobre a matéria orgânica do solo de I.V. Tyurin, M.M. Kononova, V.V. Ponomareva, L.N. Aleksandrova mostram que a intensidade do processo de formação de húmus é função das condições bioclimáticas e do solo (Orlov et al. Foi demonstrado por I.V. Tyurin, M.M. Kononova, V.V. Ponomareva, L.N. Aleksandrova que a intensidade do processo de formação de húmus é função das condições bioclimáticas e intra-solo (Orlov et al., 1987). Numerosos estudos sobre o estado do húmus em solos irrigados da República revelaram que os processos de humificação são influenciados por impactos antropogénicos, incluindo a irrigação (Ryzhov, Tashkuziev, 1976; Tashkuziev, 1996; Zakirov, Tashkuziev et al., 2000).

Atualmente, a ciência e a prática da agricultura mostram que a intensificação da produção agrícola pode levar à deterioração do estado do húmus dos solos, especialmente nas zonas áridas. Este facto está sobretudo relacionado com o desenvolvimento generalizado de sistemas de irrigação e em condições de irrigação com taxas de água elevadas.

A mineralização do húmus em solos irrigados pode atingir grandes dimensões, o que pode levar à prevalência dos processos de decomposição sobre os processos de acumulação e, na ausência de regulação, pode alterar grandemente a situação ecológica nas áreas irrigadas. Neste contexto, o estudo dos processos de transformação no solo de compostos de lixo doméstico, resíduos orgânicos de várias origens, com o objetivo de enriquecer o solo com matéria orgânica, é uma das tarefas mais importantes da ciência prática do solo para as condições dos solos irrigados da zona árida.

Estudámos a influência das tecnologias biointensivas e de poupança de água, com base em fertilizantes orgânicos, na dinâmica das alterações do teor de matéria orgânica e da sua composição qualitativa nas condições dos solos aluviais de prados salinos irrigados, com o objetivo de aumentar a sua fertilidade e reduzir a salinidade.

Os solos salinos aluviais de prados irrigados do Baixo Rio Amudarya serviram de objeto de investigação. Para determinar a influência da tecnologia biointensiva e dos diferentes métodos de irrigação na fertilidade do solo e na produtividade das plantas, foram utilizados métodos estacionários através da realização de experiências em parcelas de campo com aplicação de composto e cobertura morta para culturas hortícolas sob diferentes métodos de irrigação. Duração da experiência - 2000-2002, após a ação - 2003-2004. Repetição das experiências - 4[x] vezes. Área total - 980 m^2. Foram utilizados métodos de irrigação por sulco, chuva, gotejamento, bem como irrigação com o uso de mangueira de imersão e garrafas de plástico. O teor de húmus no solo foi determinado de acordo com o método de I.V. Tyurin em modificação de Simakov, composição de grupos fraccionados de húmus - de acordo com o esquema de I.V. Tyurin em modificação de V.V. Ponomareva e T.A. Ponomareva. Ponomareva e T.A. Plotnikova (1966).

Como já foi referido, em 2000-2002 foram realizadas experiências de campo com culturas hortícolas, sob diferentes métodos de irrigação, com aplicação anual de fertilizantes orgânicos à taxa de 15 t/ha, sob a forma de composto, siderato e cobertura morta, e em 2003-2004 foi efectuado um estudo do efeito destes fertilizantes na alteração do teor de húmus e na fertilidade do solo.

Neste contexto, a fim de revelar as alterações do teor e da composição da matéria orgânica do solo durante o período de investigação, determinámos o teor inicial de húmus em amostras de solo colhidas no outono de 1999, ou seja, antes da instalação das experiências, e o seu teor no final da experiência, no outono de 2004 (Quadro 6.1).

Como se pode ver nos dados apresentados no Quadro 6.1, as tecnologias aplicadas conduziram a alterações significativas no teor de húmus total no solo durante os três anos da experiência e nos dois anos seguintes após o seu efeito. O maior aumento do teor de húmus foi observado nas camadas superiores de 0-20cm e 20-50cm do solo, onde o aumento do húmus é de cerca de 2,074 e 1,783% ou 3-3,1 vezes, respetivamente. O aumento do teor de húmus também foi observado nos horizontes inferiores do solo, também na profundidade de 50 cm, mas ligeiramente mais fraco - 1,2 vezes. Em toda a camada 0-120 cm, registou-se um aumento do teor de húmus superior a duas vezes. Isto mostra uma influência muito positiva das tecnologias aplicadas no enriquecimento do solo com matéria orgânica e, consequentemente, no aumento da sua fertilidade.

Tabela 6.1.

Alterações no teor de húmus total sob tecnologias de poupança de água e biointensivas

Solo de origem, R.1. 16.09.1999.				No final da experiência R.2. 15.09.2004.				aumento	
Gubin, cf.	Húmus, %	Na camada, cm	Húmus, %	Profundidade, cm.	Húmus, %	Na camada, cm	Húmus, %	%	Diferença
0-10	1,043	0-20	1,034	0-10	3,752	0-20	3,108	2,074	3,0
10-20	1,025	0-50	0,859	10-45	2,464	0-50	2,642	1,783	3,1
20-47	0,745	50-120	0,697	45-60	1,670	50-120	0,844	0,147	1,2
47-80	0,715	0-120	0,765	60-70	0,879	0-120	1,593	0,828	2,1
80-120	0,683			70-120	0,672				

A determinação da influência das tecnologias aplicadas é importante para a composição da matéria orgânica do solo. Neste sentido, estudámos a composição fraccionada do húmus dos solos no estado inicial e durante o período de 5 anos da experiência. Os resultados destes estudos estão resumidos nos quadros 6.2. - 6.4. Estes dados mostram que a tecnologia aplicada leva a uma mudança notável no conteúdo do solo em ácidos húmicos e especialmente em resíduos insolúveis.

Para clarificar esta questão, vamos primeiro debruçar-nos sobre as alterações que ocorreram na composição das fracções individuais dos ácidos húmicos do solo (Quadro 6.2).

Os dados do Quadro 6.2 mostram que, em comparação com o solo inicial, nos horizontes genéticos do solo após 5 anos de aplicação da nova tecnologia, houve um aumento acentuado da quantidade absoluta de carbono (em % do peso do solo) em todas as fracções, tanto nos ácidos húmicos como nos ácidos fúlvicos. Este facto deve-se a um aumento significativo do teor de húmus total em todo o perfil do solo, como resultado da aplicação da tecnologia biointensiva destinada a enriquecer o solo com matéria orgânica.

Tabela 6.2.

Composição fraccionada do húmus

Solo	Profundidade, cm	Ácidos húmicos, fração			Ácidos Fúlvicos, Fração			
		1	2	3	1a	1	2	3
Nukus n.º 20 m/distrito 16.09. 1999 P - 1	0-10	13,98 0,0846	6,35 0,0384	14,30 0,0865	4,48 0,0271	3,90 0,0236	16,43 0,0994	13,36 0,0808
	10-20	11,63 0,0692	6,97 0,0415	12,47 0,0742	4,13 0,0246	4,91 0,0292	15,36 0,0914	12,34 0,0734
	20-47	12,45 0,0538	10,32 0,0446	14,31 0,0618	4,56 0,0197	7,20 0,0311	15,58 0,0673	15,30 0,0661
	47-80	8,87 0,0368	11,88 0,0493	11,90 0,0494	3,57 0,0148	9,81 0,0407	13,33 0,0553	16,55 0,0687
	80-120	3,89 0,0154	8,54 0,0338	9,37 0,0371	311 0,0123	8,54 0,0338	11,42 0,0452	10,50 0,0416
Nukus n.º 20 m/r-n 15.09. 2004 P - 2 2	0-10	6,01 0,1307	4,73 0,1030	8,52 0,1854	1,70 0,0369	2,19 0,0477	7,42 0,1614	5,05 0,1098
	10-45	6,46 0,0923	5,59 0,0799	10,38 0,1483	1,90 0,0271	4,56 0,0651	10,25 0,1465	8,21 0,1174
	45-60	6,35 0,0615	8,88 0,0861	12,76 0,1236	2,28 0,0221	8,51 0,0825	12,82 0,1242	12,63 0,1224
	60-70	10,55 0,0538	15,98 0,0815	16,96 0,0865	4,33 0,0221	12,86 0,0656	14,63 0,0746	17,76 0,0906
	70-120	5,92 0,0231	13,31 0,0753	15,85 0,0618	4,41 0,0172	18,05 0,0704	12,23 0,477	16,95 0,0661

Nota: no numerador, a quantidade de carbono das fracções em % do carbono total, no denominador, em % do peso do solo

No entanto, verifica-se uma diminuição notável da quantidade relativa (em % do carbono total) de ácidos húmicos das fracções 1 e 2 e de ácidos fúlvicos das fracções 1-a, 2 e 3 no primeiro horizonte de meio metro dos solos após a experiência. No sentido descendente, estes índices permanecem quase iguais ou com algum aumento da quantidade relativa de ácidos húmicos destas fracções nos solos da secção 2, onde foi aplicada a tecnologia biointensiva. A diminuição da quantidade relativa (em % do carbono total) dos ácidos húmicos destas fracções nos horizontes superiores deve-se ao aumento excessivo do teor de carbono orgânico, que não permite a sua fixação completa pelos catiões de cálcio e magnésio e pelos óxidos de semitina nestas camadas. Ao mesmo tempo, uma parte significativa do carbono orgânico recém-formado está aparentemente ligada à parte coloidal do solo.

É interessante ver como a composição do grupo de húmus em horizontes genéticos separados do solo se desenvolve como resultado de três anos de aplicação da nova tecnologia (Quadro 6.3).

Como se pode ver nos dados apresentados no Quadro 6.3, de acordo com o aumento do teor de carbono orgânico (carbono no solo) nos horizontes, há um aumento acentuado do teor absoluto de ácidos húmicos e ácidos fúlvicos. Por exemplo, nos horizontes 0-10, 10-20 e 20-27 cm do solo original, a quantidade absoluta de ácidos húmicos e fúlvicos varia entre 0,1602-0,2095 % e 0,1842-0,2309 % do peso do solo, respetivamente.

Em horizontes de solo semelhantes, após a aplicação de tecnologias (também em solos de parcelas experimentais), estes índices atingem 0,3205-0,4191 % e 0,35610,3558 %, respetivamente, o que excede em 1,5-2 vezes em comparação com o solo inicial. Foi também registado um aumento significativo da quantidade absoluta de resíduos não hidrolisáveis.

Húmus nos horizontes superiores de 0-60 cm dos solos do campo experimental - 0,3466-1,4015 %, contra 0,1000-0,1915 %. Este aumento da quantidade absoluta de carbono das substâncias hidrolisáveis do húmus nos solos da parcela experimental está associado a um aumento significativo da quantidade de carbono orgânico total nos horizontes superiores. Nos horizontes subjacentes deste solo, regista-se um pequeno aumento do carbono do solo em comparação com horizontes semelhantes do solo inicial. Em conformidade com este facto, nas camadas inferiores do solo da parcela experimental verifica-se um aumento da quantidade absoluta de ácidos húmicos e fúlvicos de 1,3-2 vezes em comparação com horizontes semelhantes do solo inicial.

Deve notar-se que o aumento da quantidade absoluta de carbono dos ácidos húmicos nem sempre é acompanhado por um aumento da quantidade relativa de ácidos húmicos e ácidos fúlvicos, pelo que, como já foi referido, com um aumento significativo do teor de carbono orgânico no solo, a sua ligação por catiões de cálcio e óxidos semifluorados ocorre parcialmente e a parte restante está aparentemente ligada à parte coloidal do solo, faz também parte de partículas finas e está ligada a minerais de argila. Neste contexto, nas camadas superiores de 0-60 cm do solo da parcela experimental, o teor de resíduos não hidrolisáveis é 5-6 vezes superior ao do solo inicial.

Tabela 6.3.

Composição dos grupos de húmus

Solo, opção	Profundidade, cm	C no solo, %	Ácidos húmicos, Cgc	Ácidos Fulvo, Sfc	Resíduo não hidrolisável	Atitude	
						Sgk Sfc	Sg Sng
Nukus nº 20 m/r-n 16.09. 1999 R - 1	0-10	0,605	34,63 0,2095	38,16 0,2309	27,21 0,1646	0,91	2,68
	10-20	0,595	31,07 0,1849	36,74 0,2186	32,19 0,1915	0,85	2,11
	20-47	0,432	37,08 0,1602	42,64 0,1842	20,28 0,0876	0,87	3,93
	47-80	0,415	32,65 0,1355	43,26 0,1795	24,09 0,1000	0,75	3,15
	80-120	0,396	21,80 0,863	33,56 0,1329	44,65 0,1768	0,65	1,24
Nukus nº 20 m/distrito 15.09. 2004 P - 2	0-10	2,176	19,26 0,4191	16,35 0,3558	64,39 1,4011	1,18	0,55
	10,45	1,429	22,43 0,3205	24,92 0,3561	52,65 0,7524	0,90	0,90
	45-60	0,969	27,99 0,2712	36,24 0,3512	35,77 0,3466	0,77	1,80
	60-70	0,510	43,49 0,2218	49,59 0,2529	6,92 0,0353	0,88	13,45
	70-120	0,390	41,08 0,1602	51,64 0,2014	7,28 0,0284	0,80	12,73

Nota: no numerador - quantidade de carbono de grupos separados de substâncias de húmus em % do carbono total, no denominador - em % do peso do solo.
no numerador está a quantidade de carbono de grupos separados de substâncias de húmus em % do carbono total, no denominador - em % do peso do solo.

A partir dos dados apresentados no Quadro 6.3, é óbvio que, com exceção da camada de 0-10 cm do solo da parcela experimental, em todos os horizontes dos solos estudados a relação Cgc : Cfc é inferior a um (0,75-0,91) m o tipo de húmus refere-se ao tipo fulvato-humato, também permanece quase inalterado com alguma aproximação ao tipo fulvato-humato nos solos da parcela experimental. A tecnologia aplicada contribuiu para a mudança do tipo de húmus no horizonte 0-10 cm, onde a relação Cgc : Cfc = 1,18 m por tipo de húmus pertence ao tipo fulvado-humado. Foi nesta camada que se registou a transição da mudança quantitativa para a mudança qualitativa.

Em geral, podemos concluir que a tecnologia biointensiva aplicada, juntamente com o aumento dos horizontes genéticos dos solos estudados de carbono orgânico em comparação com o solo original, contribuiu para uma mudança notável na composição das substâncias hidrolisáveis do húmus e da parte não hidrolisável do húmus. A generalização de materiais semelhantes obtidos por nós sobre a composição do húmus foi reflectida no Quadro 6.4.

Os dados deste quadro mostram claramente um aumento significativo do teor de carbono orgânico total do solo na camada habitada pelas raízes (0-70 cm) do solo da parcela experimental, onde a tecnologia biointensiva foi aplicada com a utilização de fertilizantes orgânicos a uma taxa de 15 t/ha sob a forma de composto, siderato e cobertura morta durante três anos. Especialmente o aumento da quantidade de carbono orgânico do solo é muito forte (3 m mais vezes) na primeira camada de meio metro. De acordo com isto e com os vestígios de mudanças notáveis na composição fraccional e de grupo do húmus nos horizontes genéticos da camada de solo habitada pelas raízes (0-60-70cm), que foi notada acima ao discutir os dados nos Quadros 6.2 e 6.3.

A aplicação da tecnologia bio-intensiva após anos de experiência revela também uma certa diminuição da quantidade relativa de carbono de todas as fracções de ácidos húmicos dos horizontes superiores de 0-60 cm e um aumento notável nas camadas subjacentes do solo. Estas alterações verificam-se em relação às fracções de ácidos fúlvicos, mas um pouco mais fracas. Consequentemente, a tecnologia aplicada alterou visivelmente a composição do húmus de ácidos húmicos, a parte mais importante em relação ao indicador do estado de húmus do solo, uma vez que a intensidade da humificação da matéria orgânica é determinada precisamente pelo teor de fracções de ácidos húmicos no solo.

Tabela 6.4.

Composição fraccional dos grupos de húmus no solo, % do carbono total.

Solo, opção	Profundidade, cm	C no solo, %	Ácidos húmicos,				Ácidos fúlvicos					Sgk Sfc	Substâncias hidrolisadas, c_d	Resíduos não-higro-drolisáveis, Cis
			1	2	3	Montante	1a	1	2	3	Montante			
Nukus. n.º 20 m/distrito 16.09. 1999 P- 1	0-10	0,605	13,48	6,35	14,30	34,63	4,48	3,90	16,43	13,36	38,16	0,91	72,79	27,21
	10-20	0,595	11,63	6,97	12,47	31,07	4,13	4,91	15,36	12,34	3674	0,85	67,81	32,19
	20-47	0,432	12,45	10,32	14,31	37,08	4,56	7,20	15,58	15,30	42,64	0,87	79,72	20,28
	47-80	0,415	8,87	11,88	11,90	32,65	3,57	9,81	13,33	16,55	43,26	0,75	75,91	24,09
	80-120	0,396	3,89	8,54	9,37	21,80	3,11	8,54	11,42	10,50	33,56	0,65	55,35	44,65
Nukus. nº 20 m/distrito 15.09. 2004 R-2	0-10	2,176	6,01	4,73	8,52	19,26	1,70	2,19	7,42	5,05	16,35	1,18	35,61	64,39
	10,45	1,429	6,46	5,59	10,38	22,43	1,90	4,56	10,25	8,21	24,92	0,90	47,35	52,65
	45-60	0,969	6,35	8,88	12,76	27,99	2,28	8,51	12,82	12,63	36,24	0,77	64,23	35,77
	60-70	0,510	10,55	15,98	16,96	43,49	4,33	12,86	14,63	17,76	49,59	0,88	93,08	6,92
	70-120	0,390	5,92	19,31	15,85	41,08	4,41	18,05	12,23	16,95	51,64	0,80	92,72	7,28

Também se pode notar que a tecnologia aplicada causou mudanças notáveis nesta camada de solo habitada por raízes e em relação à parte hidrolisável dos ácidos húmicos. Como se pode observar nos horizontes genéticos da camada de 0-60 cm do solo da parcela experimental, a quantidade de substâncias hidrolisáveis do húmus diminui 1,5-2 vezes e aumenta fortemente nos horizontes subjacentes do solo.

Do que precede, podem ser extraídas as seguintes conclusões:

1. As tecnologias de poupança de água e biointensivas aplicadas nas culturas em solos aluviais de prados irrigados do curso inferior do Amudarya têm um impacto positivo na acumulação de matéria orgânica no solo, especialmente na camada habitada pelas raízes.
2. O aumento do teor de matéria orgânica do solo é estável, o que se mantém nos próximos dois anos, devido às consequências das medidas adoptadas para melhorar a fertilidade do solo utilizando a nova tecnologia.
3. As tecnologias aplicadas com o objetivo de melhorar a fertilidade do solo e obter bioprodutos ecologicamente limpos têm um impacto muito positivo na composição qualitativa do húmus e, em geral, no estado do húmus no solo.

Capítulo 7. Efeito de diferentes métodos de irrigação e da tecnologia biointensiva nos rendimentos do tomate e da beringela

Em 2000, diferentes métodos e taxas de irrigação deram um aumento na produção de tomate de 39,2 a 46,2/ha, enquanto que no controlo a produção foi de 290,5/ha (Quadro 7.1).

Os dados de produtividade mostraram que a redução da taxa de irrigação até 3000 e $1500m^3$ nos métodos de irrigação por chuva e gotejamento deu resultados negativos, e no caso do método de irrigação no solo, apesar da redução de 4 vezes da taxa de irrigação, deu resultados positivos, pois a produtividade do tomate aumentou de 39,2 para 46,2 kg / ha.

A redução da taxa de irrigação de 6000 para 1500 $m^{(3)/ha}$ nos métodos de irrigação por chuva e gotejamento resultou na redução da produtividade do tomate de 71,6 para 88,6 kg/ha (Tabela 7.1).

Os resultados da experiência de 2000 mostram que o método biointensivo de mobilização do solo e a utilização da irrigação no solo proporcionam rendimentos elevados, apesar da redução das taxas de irrigação em 4 vezes.

A partir da aplicação da irrigação por gotejamento, que reduziu a taxa de irrigação em 4 vezes, mas não foi obtido nenhum aumento na produtividade do tomate.

Em 2001, com diferentes métodos de taxas de irrigação, obteve-se um aumento da produção de tomate de 24,1 para 28,6 kg/ha, enquanto no controlo a produção foi de 310,7 kg/ha.

Os dados de rendimento mostraram que a redução das taxas de irrigação sob os métodos de chuva e gotejamento deram resultados negativos, ou seja, os rendimentos diminuíram de 95,4 para 87,6 kg/ha.

Com o método de irrigação no solo, a produtividade do tomate aumentou de 24,1 para 28,6 c.c. por hectare e, apesar da redução da taxa de irrigação em 4 vezes, os resultados foram positivos.

Os resultados da experiência de 2001 mostram que o método biointensivo de mobilização do solo e a utilização de irrigação no solo proporcionaram um rendimento mais elevado do que a irrigação por sulcos, que utilizou 6000 $m^{(3)\backslash ha\ de}$ água.

Os resultados da análise dos dados de rendimento da experiência para 2001 mostram que, sob as condições de chuva e irrigação por gotejamento, não indicam um efeito significativo no aumento do rendimento do tomate, exceto no método de irrigação no solo, que contribuiu para um aumento notável do rendimento.

A aplicação de garrafas de plástico apenas como irrigação no solo contribuiu para a poupança de água de irrigação 4 vezes, o que excedeu o controlo em 109,2%. A aplicação do método de irrigação com água da chuva não resultou num aumento da produtividade, apesar de poupar 2 vezes a água de irrigação.

Em 2002, com diferentes métodos de taxas de irrigação, obteve-se um aumento na produção de tomate de 31,5 para 41,4 centavos/ha. Na variante de controlo, o rendimento foi de 313,5 cêntimos/ha.

Os dados de rendimento mostraram que, como nos anos anteriores, a redução das taxas de irrigação nos métodos de irrigação por chuva e gotejamento deu resultados negativos, pois o rendimento do tomate diminuiu de 103,6 para 98,6 kg/ha. No método de irrigação no solo a produtividade aumentou em 110%.

Tabela.7.1.

Rendimento do tomate em função de diferentes métodos e normas de irrigação irrigação (cêntimos/ha.)

Opções	Repetição				Médio	Aumento do rendimento
	I	II	III	IV		
2000 NDS05- 0,91 c/ha						
1	289,2	290,3	287,9	294,6	290,5	0
2	198,5	200,0	203,0	205,5	201,9	- 88,6
3	214,9	213,1	223,4	221,4	218,9	- 71,6
4	327,9	326,8	331,5	332,6	329,7	+ 39,2
5	334,7	332,9	338,2	341,0	336,7	+ 46,2
2001 NDS05- 0,52 c/ha						
1	311,0	309,2	310,0	312,6	310,7	0
2	313,7	316,0	314,0	317,5	215,3	- 95,4
3	218,2	223,0	222,9	225,0	223,1	- 87,6
4	329,7	329,9	331,1	334,2	334,8	+ 24,1
5	337,9	338,0	339,9	341,4	339,3	+ 28,6
2002 NDS05- 0,24 c/ha						
1	312,9	313,6	314,7	312,8	313,5	0
2	209,0	210,1	209,3	210,4	209,7	- 103,6
3	213,9	215,1	214,9	215,7	214,9	- 98,6
4	343,9	346,3	343,9	345,1	344,8	+ 31,3
5	355,0	354,8	353,7	356,1	354,9	+ 41,4

Os resultados da experiência de 2002 mostram que a aplicação de métodos de lavoura biointensivos e de tecnologias de poupança de água proporcionou um rendimento mais elevado do que a irrigação por sulcos, que utiliza 6000 $m^{(3)/ha\ de}$ água durante a estação de crescimento.

Nosso estudo para 2002 mostra que sob condições de chuva e irrigação por gotejamento não tem um efeito significativo no aumento da produtividade do tomate, exceto para a irrigação no solo, que contribuiu para o aumento da produtividade. A aplicação da rega no solo com mangueiras e garrafas de plástico contribuiu para poupar água de rega 4 vezes, excedendo o controlo (6000 m^3) em 110%.

Em 2000, diferentes métodos e taxas de irrigação deram um aumento no rendimento da beringela de 0,9 a 12,6 kg/ha, enquanto no controlo o rendimento foi de 763,3 kg/ha (Quadro 7.2).

Os dados de rendimento mostraram que a redução da taxa de irrigação para 3000 e

1500m^3 nos métodos de irrigação por chuva e gotejamento deu resultados negativos, e no caso do método de irrigação no solo, apesar da redução de 4 vezes da taxa de irrigação deu resultados positivos porque o rendimento da beringela aumentou de 9,5 para 12,6 kg / ha.

Reduzir a taxa de irrigação de 6000 para 1500 m$^{(3)/ha}$ nos métodos de irrigação por chuva e gotejamento resultou em uma diminuição na produtividade da berinjela de 0.7 para 12.2 kg/ha (Tabela 7.2).

Os resultados da experiência de 2000 mostram que o método biointensivo de mobilização do solo e a utilização da irrigação no solo proporcionam rendimentos elevados, apesar da redução das taxas de irrigação em 4 vezes.

A partir da aplicação da irrigação por gotejamento, que reduziu as taxas de irrigação em 4 vezes, mas não houve aumento na produtividade da berinjela.

Em 2001, com diferentes métodos de taxas de irrigação, obteve-se um aumento do rendimento da beringela de 5,2 para 12,6 kg/ha, enquanto no controlo o rendimento foi de 775,3 kg/ha.

Os dados de rendimento mostraram que a redução da taxa de irrigação sob os métodos de chuva e gotejamento deu resultados negativos, ou seja, os rendimentos diminuíram de 3,8 para 1,4 c/ha.

Com o método de irrigação no solo, a produtividade da beringela aumentou de 5,2 para 12,6 kg/ha e, apesar da redução da taxa de irrigação em 4 vezes, os resultados foram positivos.

Os resultados da experiência de 2001 mostram que o método biointensivo de mobilização do solo e a utilização de irrigação no solo proporcionaram um rendimento mais elevado do que a irrigação por sulcos, que utilizou 6000 m$^{(3)\backslash ha\ de}$ água.

Os resultados da análise dos dados de rendimento da experiência para 2001 mostram que a irrigação por chuva e por gotejamento não indica um efeito significativo no aumento do rendimento da beringela, exceto no método de irrigação no solo, que contribuiu para um aumento notável do rendimento.

A aplicação apenas de garrafas de plástico para irrigação no solo contribuiu para a poupança de água de irrigação 4 vezes, o que excedeu o controlo em 102,0 %. Da aplicação do método de irrigação com água da chuva não se obteve aumento de rendimento, apesar da poupança de água de irrigação 2 vezes.

Em 2002, com diferentes métodos de taxas de irrigação, obteve-se um aumento no rendimento da beringela de 4,7 para 9,5 centavos/ha. E na variante de controlo o rendimento foi de 790,0 c/ha.

Os dados de rendimento mostraram que, como em anos anteriores, a redução da taxa de irrigação com chuva e métodos de irrigação por gotejamento deu resultados negativos porque o rendimento da beringela diminuiu de 12,2 para 9,9 kg/ha. No método de irrigação no solo a produtividade aumentou em 102%.

Tabela 7.2.

Rendimento da beringela em função de diferentes métodos e taxas de irrigação (kg/ha)

Variante	Repetição				Médio	Aumento do rendimento
	I	II	III	IV		
			2000	HCP_{05}-0.48 c/ha		
1	763,3	760,9	759,0	761,0	761,0	0
2	758,9	759,7	760,5	762,1	760,3	- 0,7
3	757,9	762,3	758,9	760,1	759,8	- 1,2
4	760,3	759,9	764,3	763,1	761,9	+ 0,9
5	761,9	762,6	763,2	766,1	763,5	+ 2,5
			2001	NDS_{05} - 0,36 c/ha		
1	774,6	775,0	774,9	776,7	775,3	0
2	773,3	772,3	775,1	774,9	773,9	- 1,4
3	769,9	773,0	770,8	772,3	771,5	- 3,8
4	779,4	780,2	781,1	781,3	780,5	+ 5,2
5	786,9	785,8	790,6	788,3	787,9	+ 12,6
			2002	NDS05 - 0,27 c/ha		
1	789,5	790,9	791,9	791,3	790,0	0
2	781,9	778,5	779,0	781,0	780,1	- 9,9
3	777,1	776,9	778,7	778,5	777,8	- 12,2
4	793,6	795,1	794,9	795,2	794,7	+ 4,7
5	798,8	799,4	799,4	800,1	799,5	+ 9,5

Os resultados da experiência de 2002 mostram que a aplicação de métodos biointensivos de mobilização do solo e a utilização de tecnologias de poupança de água proporcionaram um rendimento mais elevado de beringela do que a irrigação por sulcos, que na estação de crescimento utilizou 6000 $m^{(3)\backslash ha\ de}$ água.

O nosso estudo para 2002 mostra que sob condições de chuva e irrigação por gotejamento não tem um efeito significativo no aumento da produtividade da beringela, exceto para a irrigação no solo, que contribuiu para o aumento da produtividade. A aplicação da irrigação no solo com mangueiras de impregnação e garrafas de plástico contribuiu para a poupança de água de irrigação 4 vezes, excedendo o controlo (6000 m^3) em 102%.

Conclusões

Os resultados dos estudos sobre a influência de diferentes métodos de irrigação e de métodos biointensivos na fertilidade e no grau de salinização dos solos irrigados permitem-nos tirar as seguintes conclusões:

1. Em anos de escassez de água, a utilização de água potável e de rega para a irrigação do solo teve um impacto significativo no aumento da salinização dos solos irrigados, em resultado do qual a fonte de acumulação de sal no solo não foi apenas a água do solo-solo, mas também a água de rega e a água da torneira fornecida para a irrigação de culturas hortícolas.

2. Foi estabelecido que, quando aplicado a culturas hortícolas, a irrigação por sulco nas condições de aplicação anual de fertilizantes orgânicos a uma taxa de 15t/ha na forma de composto, siderato e cobertura morta, há um aumento do húmus em comparação com um indicador semelhante em 1,5 vezes.

3. No cultivo de culturas hortícolas sob tecnologias biointensivas utilizando irrigação de sequeiro com uma taxa de irrigação de $3000m^{(3)\backslash ha,}$ o conteúdo de húmus aumenta 2,0-2,5 vezes em comparação com o estado inicial dos solos.

4. Quando se utiliza o método de irrigação por gotejamento em culturas hortícolas de fundo orgânico na camada arável do solo, o teor de húmus aumenta 1,7 vezes, o azoto amoniacal 2 vezes. O teor médio ponderado de nitrato de azoto, formas móveis de fósforo e potássio diminui.

5. Quando se utilizam tubos de imersão para irrigação no solo, o teor de húmus, azoto nítrico, potássio, cálcio, magnésio e cobre aumenta. O azoto nitrato, o fósforo móvel e o ferro mantêm-se ao mesmo nível.

6. Quando se utiliza um sistema de irrigação preparado a partir de garrafas de plástico, a água de irrigação é fornecida diretamente às raízes no interior do solo e permite poupar 4 vezes mais água de irrigação ($1500m^3$/ha) do que a irrigação por sulcos, são criadas boas condições para a microflora do solo. A fertilidade do solo aumenta de forma constante. As formas de amónio e nitrato de azoto são acumuladas principalmente no inverno e na primavera, e durante a estação de crescimento a sua quantidade diminui devido à assimilação pelas plantas. Dos sais solúveis em água, o cloro - 1,8 vezes, o sulfato - 1,5 vezes diminui.

7. Quando se utiliza o método de irrigação no solo (mangueiras de imersão, garrafas de plástico) durante a estação de crescimento em solos salinos aluviais de prados irrigados, no contexto da tecnologia biointensiva, na camada arável dos solos, verifica-se uma diminuição do teor de sal em comparação com a irrigação por sulcos.

8. As tecnologias de poupança de água e bio-intensivas aplicadas ao cultivo de culturas em solos salinos aluviais de prados irrigados do curso inferior de Amudarya têm um impacto positivo na fertilidade dos solos salinos do curso inferior de Amudarya, contribuindo para a acumulação de matéria orgânica no solo, especialmente na camada habitada pelas raízes.

9. O aumento do teor de matéria orgânica do solo é estável, mantendo-se nos dois anos seguintes após as medidas adoptadas para melhorar a fertilidade do solo utilizando a nova

tecnologia.

10. As tecnologias aplicadas com o objetivo de aumentar a fertilidade do solo, obtendo um bioproduto elevado e ecologicamente limpo, têm um impacto positivo na composição qualitativa do húmus e, em geral, no estado do húmus dos solos salinos aluviais dos prados irrigados.

11. A aplicação de métodos bio-intensivos de mobilização do solo proporciona rendimentos mais elevados do que a irrigação por sulcos. Os métodos de irrigação intra-solo promoveram a poupança de água irrigada 4 vezes, e o rendimento do tomate aumentou 110%, e o rendimento da beringela aumentou 102%.

Propostas para a produção

A utilização de tecnologias bio-intensivas com base em fertilizantes orgânicos, bem como a introdução de irrigação no solo com garrafas de plástico em solos salinos aluviais de prados irrigados, contribuem para melhorar a fertilidade e reduzir a salinidade do solo.

Em condições de crise ecológica em solos salinos aluviais de prados irrigados, para obter rendimentos elevados e de qualidade de culturas hortícolas, recomenda-se a aplicação de tecnologias biointensivas com base em matéria orgânica (15t/ha) com o método de irrigação no solo acima mencionado.

Literatura

1. Abdullaev S.A., Bairov A.J. Estado atual dos solos irrigados no Uzbequistão e prioridades no apoio científico à conservação e melhoria da sua fertilidade // Boletim de Ciências Agrárias do Uzbequistão, n.º 1(7), 2002, pp.66-69.

2) Alekseev E.K. Green fertilisation in the Non-Black Earth strip (Fertilização verde na faixa de terra não negra). M. Selkhozizdat. 1959. 320 c.

3. Bairov A.J. Problemas de criação de sistemas de informação automatizados na ciência do solo. // Boletim de Ciências Agrárias do Uzbequistão, n.º 1, 2000, p.47-51.

4. Baimatova L.S., Slesareva L.N. Influência do esquema de rotação de culturas, monocultura de algodão e profundidade da lavoura básica nas propriedades físico-hídricas de solos cinzentos típicos irrigados // Resumos do 1º delegado do Congresso de Cientistas do Solo do Uzbequistão. Congresso dos cientistas do solo do Uzbequistão. Tashkent.1990. C.39.

5. Balashev N.N., Zeman G.O. Vegetable growing Tashkent, "Ukutuvchi", 1981, 368 pp.

6. Balyabo N.K. Development and increase of fertility of solonetz soils. M. Selkhozizdat. 1961. C.120.

7. Batkaev J.Ya. Alteração das condições de fertilidade dos solos cinzentos escuros sob a influência de culturas agrícolas e fertilizantes. Dissertação para o grau de Candidato a Ciências Agrícolas. Tashkent.1962. 17 c.

8. Bezdnina S.Ya. Influência da qualidade da água de irrigação na fertilidade do solo // Teses dos relatórios do 111º Congresso da Sociedade Dokuchaevsky de Cientistas do Solo (11-15 de julho de 2000, Suzdal) Livro 2. Moscovo, 2000, p.211.

9. Belik V.F., Bondorenko G.L. Metodologia da experimentação de campo no cultivo de legumes e melão. Moscovo, Izd vo Kolos, 1979.

10. Belousov M. A. Influência da aplicação a longo prazo de fertilizantes orgânicos e minerais na capacidade produtiva do sierozem irrigado // Influência da aplicação a longo prazo de fertilizantes na fertilidade do solo e na produtividade das rotações de culturas - Vyp. 1.-M.MSH DA USSR. 1960. C.366-383.

11. Borovsky V.M., Ablakov E.B., Kozhevnikov K.Y., Muravlinsky K.D. . Ancient Syr-Darya Delta and Northern Kyzylkums.vol.1, ANKazSSR Publishing House, Alma-Ata, 1959,420 p.

12. Borovskiy V.M., Pogrebinsky M.A. Ancient Syr-Darya Delta and Northern Kyzylkums, Vol.1, Publishing House of ANKazSSR, Alma-Ata, 1958,

13.Buriev H.Ch., Abdullaev A.G. Homestead vegetable garden. Tashkent, <Mekhnat>, 1986, 216 p.

14. Vasiliev V.A., Filippova N.V. Reference book on organic fertilisers - 2ª edição, revisão e suplemento. Moscovo. Rosagropromizdat, 1988. 255 c.

15. Vakhobov A., Mirzaev O. Zhuraev 3. Influência do biohumus no crescimento e desenvolvimento do algodão \\\\ Boletim de Ciências Agrárias do Uzbequistão, № 2(4), 2001, p.14-15.

16. Davranov K.D., Karshieva D.H. Papel dos microrganismos na melhoria da saúde do solo, aumento da sua fertilidade e rendimento das plantas agrícolas \\\\ Boletim de Ciências Agrárias do Uzbequistão, № 4(10), 2002, p.64-67.
17 John Jevons *How to Grow More Vegetables....* <Empresa Pacific BVL Corporations 1993, 178 C
18. John Jevons "How to Grow More Vegetables". Segunda edição 1997, 224 pp.
19. John Jevons, Carol Cox "The organic vegetable garden" A guide to growing healthy soil and high yields on your plot. Ecology Action Group Ilustrações de Sue Ellen Parkinson, 1999, 116 pp.
20. Dovban K.I. Introdução alargada da sideração na agricultura intensiva // Zemledeliye. 1990. № 12. C.32-34.
21.Yokubov M. Beringela // Agricultura do Uzbequistão. 2003, No.7, p.23.
22 Ermolova E. Novas variedades de tomate // Agriculture of Uzbekistan. 2003, n.º 7, pp.20-21.
23.Zhollibekov B. Changes in soil cover of Amudarya coastal delta under aridisation. Nukus, Editora "Bilim", 1991, 132.
24.Zhollibekov B. Changes in soil cover and landscapes of the Southern Priaralie in connection with anthropogenic impact. Nukus, Bilim Publishing House, 1995, 244 pp.
25.Zhollibekov B. Changes in soil cover of irrigated part of Amudarya delta. Ciência do Solo, No.7. 1994, pp.91-97.
26. Zhollibekov B. Monitorização da qualidade da água potável no epicentro da catástrofe de Aral // News Health Care Newsletter, 5.º número, suplemento da revista "Zdravookhranenie Kazakhstana", fevereiro de 1997, pp. 8-9.
27.Zhollibekov B. Formas de alcançar o crescimento sustentável da agricultura da república // "Karakalpakstan" (público*)*. "Karakalpakstan" (socialmente - político Revista de Educação), Nukus, 2000, n.º 5-6, pp.
28.Zholybekov B., Zholybekov B.B. Nambar kalai tayarlanady? // Jornal "Zhipek zholy-Silk Way", n.º 39-40, 20 de setembro de 2003, 4-5 pp.
29.Zhollibekov B., Ismaylov U.E., Tleuov A., Turmanova O.K., Ismaylova R., Zhollibekov B. B. // Utilização de culturas agrícolas como biomelhorantes em condições de crise ecológica. // Boletim de Ciências Agrárias do Uzbequistão, n.º 4 (14), 2003, pp.63-68.
30.Zakirov T.S., Tashkuziev M.M., Ibragimov N.M., Niyazaliev B.I. Sobre os resultados da investigação sobre a formação de húmus em solos cinzentos do Uzbequistão com base no estudo da decomposição de resíduos vegetais e na aplicação de fertilizantes. \\ Boletim de Ciências Agrárias do Uzbequistão, n.º 1, 2000, pp. 52-55.
31.Zakirov T.S., Tashkuziev M.M., Ibragimov N.M., Niyazaliev B.I. Sobre os resultados dos estudos de formação de húmus em solos cinzentos do Uzbequistão com base no estudo da decomposição de resíduos vegetais e aplicação de fertilizantes. J. Uzbekistan Agrar Fani

Khabarnomasi, No.1, 2000, p. 52-55.

32.Zimina N.M. Para a questão sobre a influência da rotação de culturas, fertilizantes e lavoura nas propriedades agrofísicas do sierozem típico // Actas de SoyuzNIIKhI. Tashkent. SAGU, 1955. C.44.

33.Zimina N.M. Change of physical properties of sierozems under the influence of cotton and alfalfa crop rotation and fertilisers // Soil Science. 1961. №8. C.470-480.

34.Ziyamukhamedov I.A., Ryzhov S.N. Organic matter of virgin and irrigated soils. Tashkent. Fan.1975.

35. Zueva V.I. (sob a direção do editor geral) Vegetable growing laboratory-practical lessons. Tashkent, "Ukituvchi", 1980. 211c.

36.Imamova H.H., Sharipova H.T., Poberezskaya S.K. et al. Direccionalidade dos processos microbiológicos durante a compostagem de estrume e estrume de galinha com fosforitos Kyzylkum // Boletim de Ciências Agrárias do Uzbequistão, № 3(9),2002, p.30-33.

37. Irrigação do Uzbequistão, Vol. 111, "FAN" Uzbek SSR, Tashkent, 1979, 360 pp.

38. Ismailov U.E. Otimização do regime hídrico na irrigação do algodão com água de drenagem em solos aluviais de prado de Karakalpakstan// Resumo da tese para o grau de Candidato a Ciências Agrícolas. Tashkent, 1983, 20 p.

39.Ismailov U., Zhollibekov B. Crop rotation and increase of fertility // Agriculture of Uzbekistan. No.12, 2003, p.13.

40.Karimov O.T. Eficiência da aplicação de biohumus no algodão em condições de solos cinzentos típicos. Resumo para o grau de Candidato a Ciências Agrícolas, Tashkent, 2002, 23 pp.

41.Karimov O.T. Eficácia de diferentes doses de aplicação de biohumus. Melhoria da tecnologia de cultivo de culturas agrícolas na região do Alto Volga. Coleção de artigos, vol.3, Y Ivanovo, 2001, 145-146 p.

42.Karimov O.T. Eficácia das taxas de aplicação de "Biohumus" para o algodão em condições de solos cinzentos típicos de regadio antigo. solos cinzentos. Boletim VIUA,2001,No.114, p.101.

43. Kachinsky N.A. Composição mecânica e microagregada do solo, métodos do seu estudo. Izd. da Academia de Ciências da URSS, 1958.

44.Kachinsky N.A. Solo, suas propriedades e vida. M. ACADEMIA DE CIÊNCIAS DA USSR. 1956. C. 127.

45. Kachinsky N.A. Estrutura do solo. UNIVERSIDADE ESTADUAL DE MOSCOVO. 1963. C. 100.

46.Kovda V.A. Origin and regime of saline soils. Vol. 1(1945),vol. 11(1947), Izd. da Academia de Ciências da URSS, M.-L

47. Kozlovsky F.I. Evolution of arable soils as a subject of genetic-geographical soil science. In Vn. Teoriya i metody izucheniya zavisimosti sobstvennogo koverova (Teoria e métodos de estudo da cobertura do solo), Moscovo, GEOS. 2003. pp. 451-463.

48.Kozlovsky F.I., Pankova E.I. Sobre a metodologia de estudo do regime salino dos solos

(pelo exemplo de alguns tipos de solos da estepe de Jizzak) // na coleção, Solos irrigados e métodos do seu estudo, Tashkent, 1976.
49.Kononova M.M. Húmus dos principais tipos de solos da URSS, sua natureza e formas de formação // Soil Science. 1960. № 3 C. 1-11.
50.Kononova M.M. Matéria orgânica do solo. M. ACADEMIA DE CIÊNCIAS DA USSR. 1963. 314 c.
51.Konstantinova L.G., Kurbanov A.B., Atanazarov K.M., Absattarov N.A. Qualidade da água potável, estado de saúde da população e previsão da morbilidade da população da República de Karakalpakstan. Materiais Seminário Internacional "Factores ambientais e saúde materno-infantil na região da crise do Mar de Aral" Izd. 2001, C. 8795.
52. Korsunova D-C. Transformação microbiológica da matéria Fertilizantes e resíduos vegetais em solos de castanheiros da Buriácia// Teses de relatórios do 111° Congresso da Sociedade Dokuchaev de Cientistas do Solo (11-15 de julho de 2000, Suzdal) Livro 2. Москва,2000,стр.133-134.
53. Kudratov T. Ekubov Sh. Dare Suvlari Sifati// Uzbequistão Kishlok Khojaligi, 2003, n.° 6, 24 pp.
54. Kuziev R.K. Problems of soil fertility in Uzbekistan. Tuprokshunoslar va agrochemiegarlar 111-chi kuroltoyida maruzalari va tezislari. Toshkent.2000.
55.Kuziev R.K. Estado moderno dos solos irrigados e problemas da sua proteção e reprodução. \\ Boletim de Ciências Agrárias do Uzbequistão, n° 1, 2000, p.43-46.
5b.Kuziev R.K., Tashkuziev M.M., Ziyamukhamedov I.A. Conceito de base tecnológica biogeoquímica para otimização do estado químico e aumento real da fertilidade do solo. \\ Boletim de Ciências Agrárias do Uzbequistão, n.° 2(8), 2002, p.55-58.
57.Kuziev R.K., Toshkuziev M.M., Ziyamukhamedov I.A. Tuprok khosil bulish zhariyoni va unimdorligini oshirishning biogeokimyoviy asosi. Er resurslaririidan akilona poydolanis va tuproklarni mukhofazalash. Ilmiy Tuplam. Toshkent.2001.
58. Cook J.W. Regulation of soil fertility. M. Kolos, 1970 520 p.
59.Kurvantaev R. Otimização e regulação das condições agrofísicas dos solos irrigados da zona desértica do Uzbequistão. Tashkent, 2000, p. 45.
b0.Kurvantaev R., Kholberdiyeva M.R. Influência da cobertura morta no regime hídrico do solo na semeadura em cumes\\\ Vestnik de Ciências Agrárias do Uzbequistão, № 2(4), 2001, p.44-45.
b1.Loshakov V.G., Ivanova S.F. Fertilidade do solo podzólico e produtividade das rotações de culturas com diferentes saturações com culturas de cereais // Izv.TSKhA. 1975. № 3 C.41-51.
62. Métodos de pesquisa agroquímica, agrofísica e microbiológica em áreas de algodão irrigado (3ª edição revista e complementada). Tashkent 1963.
b3.Metodologia de experiências de campo e vegetativas com algodão // Tashkent, SOYUZNIKHI, 1973.

b4.Minashina N.G. Irrigated desert soils and their amelioration. Moscovo. Izd vo "Kolos".1974.3b5 p.

b5.Mirzaev M.M., Mirzaev M. A sideração é um método eficaz de aumentar a fertilidade do solo nos jardins do Uzbequistão. // Boletim de Ciências Agrárias do Uzbequistão, № 2,2000, p.59-b1.

bb.Mironenkov A. Problemas de abastecimento de água em Priaralie e programa de ação. Materiais do seminário internacional "Factores ecológicos e saúde materno-infantil na região da crise do Aral". Crise do Aral" Ed. FAN Academia de Ciências da República do Uzbequistão. 2001, P. b-11.

b7.Mukhamedjanov M.V. Cuidar da terra, multiplicar a sua fertilidade. Zemledeliye. 198б. № 1. C. 3-б.

b8.Nurzhanov K.R. Alteração qualitativa da composição de sais no solo em função do regime de irrigação do algodão e do milho -Proceedings of SoyuzNIIKhI, número 53, 1983.

b9.Nurzhanov K.R. Consumo de água comparativo e regime de irrigação de algodão e milho em solos de prados de Karakalpakia. Tashkent, 1984, 19 p.

70.Ovezova K. Tecnologia de poupança de água no cultivo de melão. Resumo da dissertação para o grau de Doutor em Ciências Agrícolas. Tashkent, 1991, 44 p.

71 Orlov D.S., Baranovskaya V.A., Okolelova A.A. Matéria orgânica de solos de estepe da região do Volga e seus processos de transformação sob irrigação. Soil Science, No.10, 1987, artigo 65.

72. Solos da República de Karakalpakstan (distrito de Shumanai), livro 2, IPA AS RUz, 1995. 113 c.

73. Prikhodko V.E. Degradação de solos de estepe sob irrigação// Teses de relatórios do 111° Congresso da sociedade Dokuchaevsky de cientistas do solo (11-15 de julho de 2000, Suzdal) Livro 2. Москва,2000,стр.242-243.

74. Prokopov D.N. Proper crop rotations and rational use of lands. Minsk. Nauka i tekhnika. 1976. 188c.

75.Rajabov A.I., Gafurova N. Influência da matéria orgânica na capacidade de troca catiónica e na acumulação de metais pesados no solo e nas plantas de tabaco // Esh kimyogar (ilmiy makrlalar tuplami).- Samarkand, 2001.- No.3. 108-109 c.

76.Razakov R.M. Problemas de recursos hídricos e risco ambiental que afectam a saúde da população de Priaralie. Materiais do seminário internacional "Factores ecológicos e saúde materna/infantil na região da crise do Mar de Aral" Editora da Academia de Ciências da FAN. R Uz. 2001, C. 20-27.

77. Riskieva H.T., Toshkenboev O. Mudança do estado do húmus dos solos dos prados da zona desértica do vale de Zarafshan sob a influência da irrigação // Boletim de ciências agrárias do Uzbequistão, № 1(7),2002, p.69-72.

78.Ryzhov S.N. Para a questão sobre a preparação de solos carbonatados para análise mecânica. Boletim de SoyuzNIIKhI, n° 7, 1935.

79. Ryzhov S.N., Ziyamukhamedov I.A. Alterações no conteúdo e composição do húmus de

solos cinzentos e solos takyr sob irrigação - "Soil Science", 1971, № 7.
80.Ryzhov S.N., Tashkuziev M.M. Change of chemical composition of grey soils and takyr soils under the influence of irrigation and high culture of farming. Na coleção Irrigated soils and methods of their study. Tashkent, 1976.
81.Salokhitdinov Z., Usmonov R., Dustmukhamedov Turok unumdorligi - mul khosil mezoni // Ozbekiston kishlok khuzhaligi.2003, No.5, 28 b.
82. Sattarov J.S., Toshmatov N.I. Technology of compost preparation from various wastes and their influence on soil and cotton yield. 1993. No.2, pp.24-27.
83. Sattarov J.S., Kazak O.R. Microelementos em solos do cinturão de sierozem típico dependendo de sua condição agrotécnica e conteúdo de húmus // Boletim de Ciência Agrária do Uzbequistão, № 2,2000, p.52-53.
84. Sattorov D., Kuziev R., Karimberdiyeva A. Changes in soil fertility under the influence of irrigation //Agriculture of Uzbekistan, No. 6 2001, 22-23 pp.
85.Tashkuziev M.M. Humus state of the main soils of the lower part of the Amudarya delta subjected to desertification processes. TuproTsdan o Pilona foidalanishning ekologik zhihatlari. Ilmiy-amaliy conf. mat. Toshkent, 1977, p. 279-281.
86. Tashkuziev M.M., Ziyamukhamedov I.A. Moddalarning biologic ailanishini tuproklar kimiyoviy tarkibini shaklanishdadagim ahamiyati. Er resurslariridan okilona foidalanis va tuproklarni mukhofazalash. Ilimiy Tuplam. Toshkent.2001.
87.Toshkuziev M.M. Uzbekistan tuproklari humusi va unin tuprok unimdorligida ahamiyati. Tuprokshunoslar va agrokiyogarlar 111-chi kuroltoyida maruzalari va tezislari. Toshkent.2000.
88.Toshmatov N.I. Influência de compostos feitos de resíduos domésticos e industriais nas propriedades agroquímicas do solo e na produção de algodão. Resumo da tese do autor para o grau de candidato a ciências agrícolas. Tashkent, 1996, 21 p.
89.Trushin V.F. Culturas de centeio na região de Sverdlovsk // Actas do Instituto Agrícola de Sverdlovsk. Vyp. XУ. 1969. C.43-47.
90. Turapov I. Regime térmico dos solos de zonalidade vertical do Tien-Shan Ocidental e formas da sua regulação. Tashkent, 1994, p. 47.
91. Tyulin T.V. Dynamics of water resistance of soil structure on virgin lands of Kazakhstan in connection with their cultivation // V sb. of works on agronomic physics. Vyp.8. 1960. C.170.
92. Fursov V.N. Agrochemical and biological properties of soils of different agrofonts and their change under the influence of crop rotations and long-term application of fertilisers - In the collection: Research works on cotton growing. Ashgabat, "Turquemenistão", 1966.
93. Khalikulov Sh.T. Otimização das propriedades e regimes dos solos irrigados da cintura de solos cinzentos através da aplicação de mulching e composto na cultura do algodão. Tashkent, 1996, p. 48.
94.Shishov L.L., Durmanov D.N. Modern Concepts of Soil Fertility Management // In Sb. Soil Fertility, Problems, Research, Model. Instituto do Solo com o nome de Dokuchaev.

Instituto do solo de Dokuchaev. M.,1985. C.3-18.

95.Shokirov A. Eggplant usimligining khasildorligiga ekish schemesining tasiri. \\ Boletim de Ciências Agrárias do Uzbequistão, n.º 3(5), 2001, pp. 114-115.

96. Shchapova L. N. Aspectos microbiológicos da transformação da matéria orgânica com diferentes teores de carbono em azoto // Teses de relatórios do 111º Congresso da Sociedade Dokuchaevsky de Cientistas do Solo (11-15 de julho de 2000, Suzdal) Livro 2. Москва,2000,стр.68-69.

97.Yakubov M., Kudratov U. Processos ecológicos de recuperação em maciços irrigados na margem direita do rio Amu Darya // Agricultura do Uzbequistão.No.4, 2001, pp.35-37.

98.Buol S.W., Hole E.D., McCracken R.J.. *Soil Genesis and classification* // Segunda edição. The Iowa State University Press, Ames, 1980. 406p.

99. Carol Cox, e equipa: Booklet 26: Learning to Grow All Your Own Food. Willits. CA: Ecology Action: 1991.

100. Henry. Dr. Foth. D. "A Study Soil Science" Copyright @ abril, 1970. LaMotte Company PO Box 329, Chestertown, Maryland 21620 U.S.A.

101. Jenny, Hans. The Soil Resource: Origin and Behaviour. Nova Iorque: SpringerVerlag, 1980.377 pp.

102. John Jeavons John Jeavons. Livreto 14: The Complete 21-Bed Mini-Farm. Willits CA: Ecology Action 1991.

103. John Jeavons, J. Mogador Griffin e Robin Letter. The Backyard Homestead Willits CA: Ecology Action, 1983.

104. John Jeavons How to Grow More Vegetables.1995.208 pp.

105. John JeavonsDavid. Duhon, e Gebhard Cindy. One Circle. Ecology Action, 1984.

106. Kusselevski Z. Influência dos fertilizantes orgânicos e minerais no teor de húmus do solo // Zemdeloje, 1973, No. 5(2), P.322.

107. McLeod, Edwin. Feed the Soil. Organic Agriculture Research Institute (P.O. Box 475, Grator CA 95444), 1982. 209 pp.

108. Richardson G., Mueller-Beilschmidt P. *Winning with water* // Monitorização da humidade do solo para uma rega eficiente. INFORM, Inc. 1988, 173pp.

109. Shexson. T.F. Land Husbandry: A Framework for Soil and Water Conservation. Soil and Water Conservation Society (7515 Northeast Ankeny Road, Ankeny, IA 50021-9764), 1989. 64 pp

110. Zhollybekov B. *Alteration of Soils in the irrigated Zone of AmuDarya river delta* // Eurasian Soil Science, 28(10), 1996, 265-274p.p.

111. Jollibekov B. Irrigation Practices in Uzbekstan // 3rd International Conference on Efficient Use and Management of Water. Eficiente 2005 - Santiago-Chile. 1- 4p.p.

apêndice

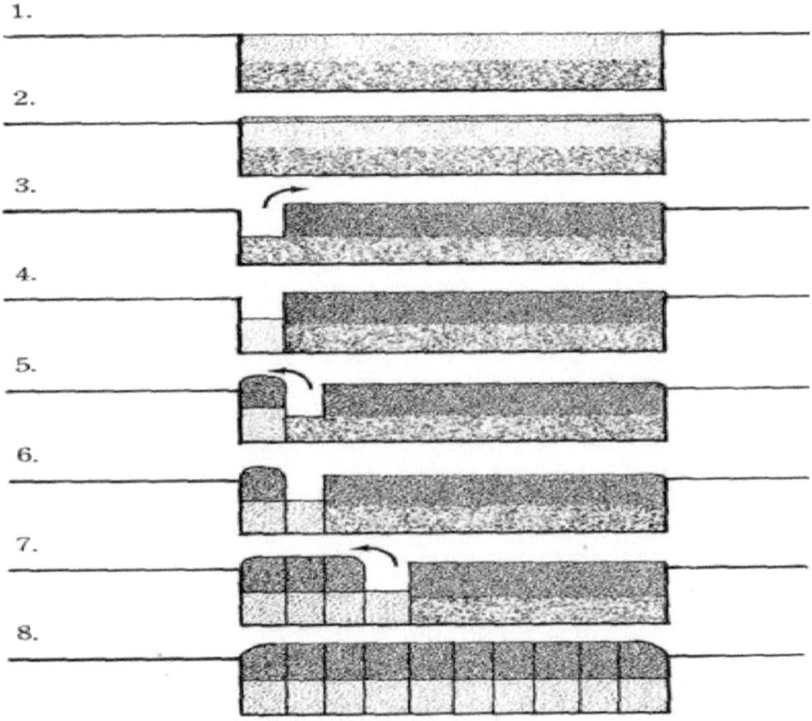

Fig 1 . Método de preparação da "escavação dupla".

A

Б

Fig. 2. Pilha de composto de acordo com D. Jevons (A) e B. Jolybekov (B).

Fig. 3. Composto pronto a ser utilizado.

A

Б

Fig. 4. Cultivo de sidedress (A) e seu pousio na primavera com um mini-trator (B)

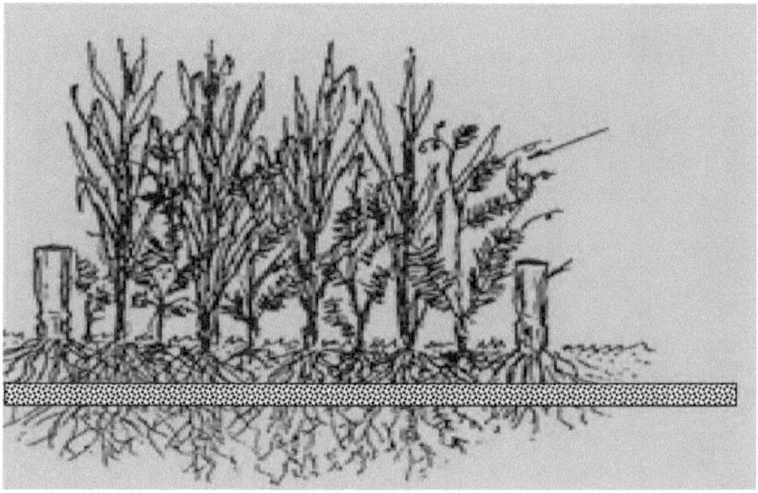

A

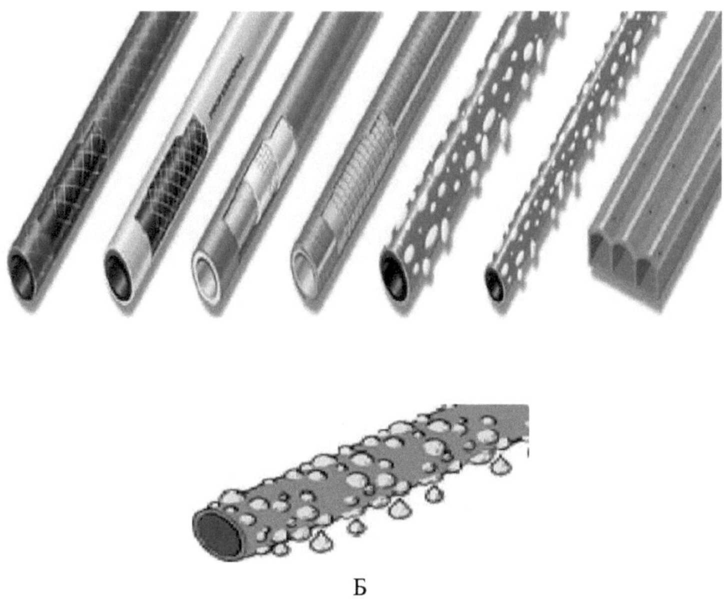

Б

Fig. 5. Colocação da mangueira de impregnação (A) e dos respetivos moldes (B).

A

Б

Fig. 6. Mangueira de imersão, plantação de plântulas de beringela (A) e tomate (B).

A

Fig 7 . Instalação de garrafas de plástico (A) e plantação de plântulas de tomate (B).

Б

Fig. 8. Observações fenológicas do crescimento e desenvolvimento da beringela (A) e do tomate (B).

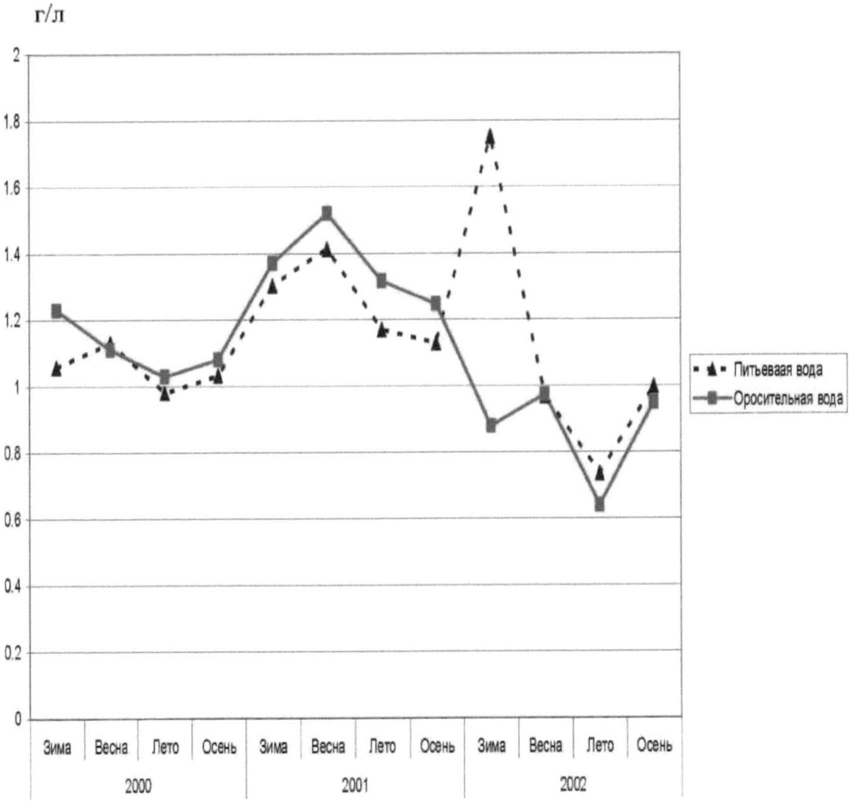

Figura 9. Variação anual e sazonal do teor de sais solúveis em água (g/l).

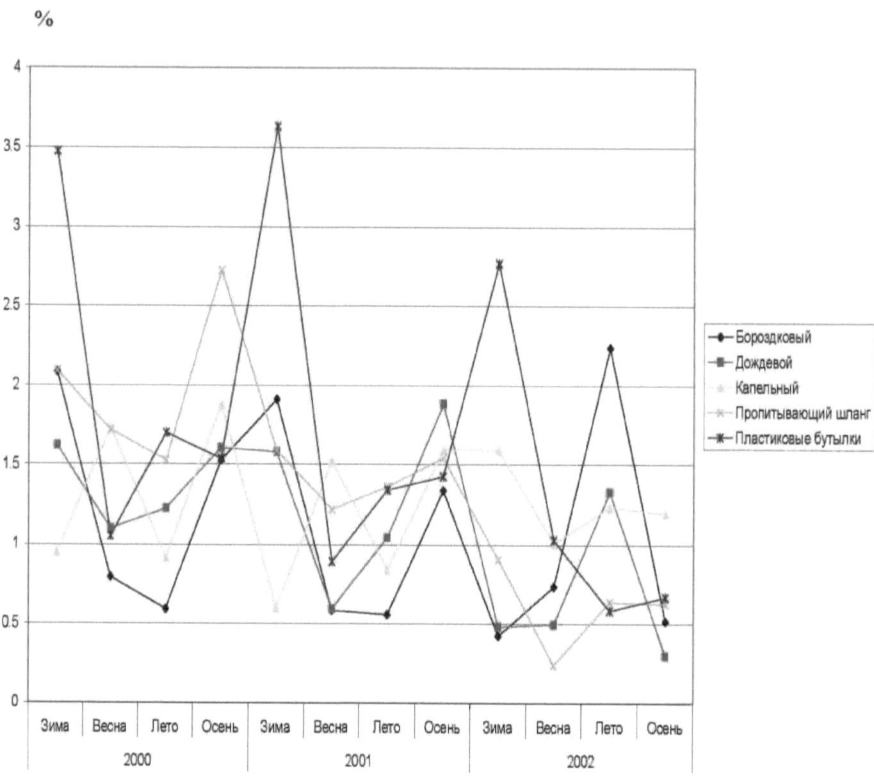

Fig. 10. Variação sazonal e anual do teor de sais solúveis em água (%) na camada de 0-30 cm sob diferentes métodos de irrigação.

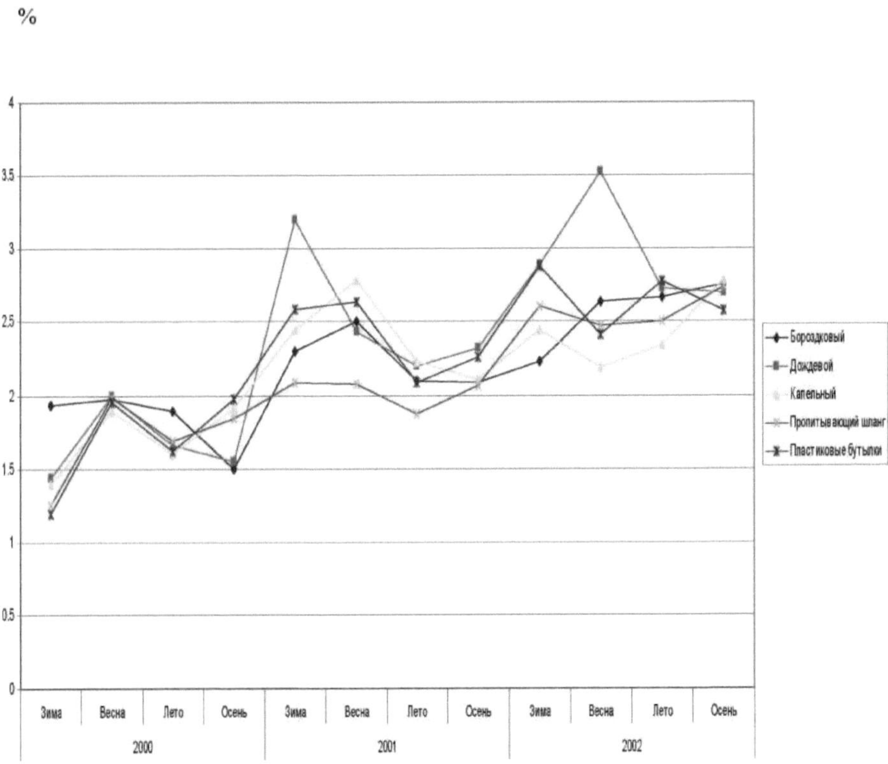

Fig. 11: Mudanças sazonais e anuais no conteúdo de húmus na camada de 0-30 cm sob diferentes métodos de irrigação (%).

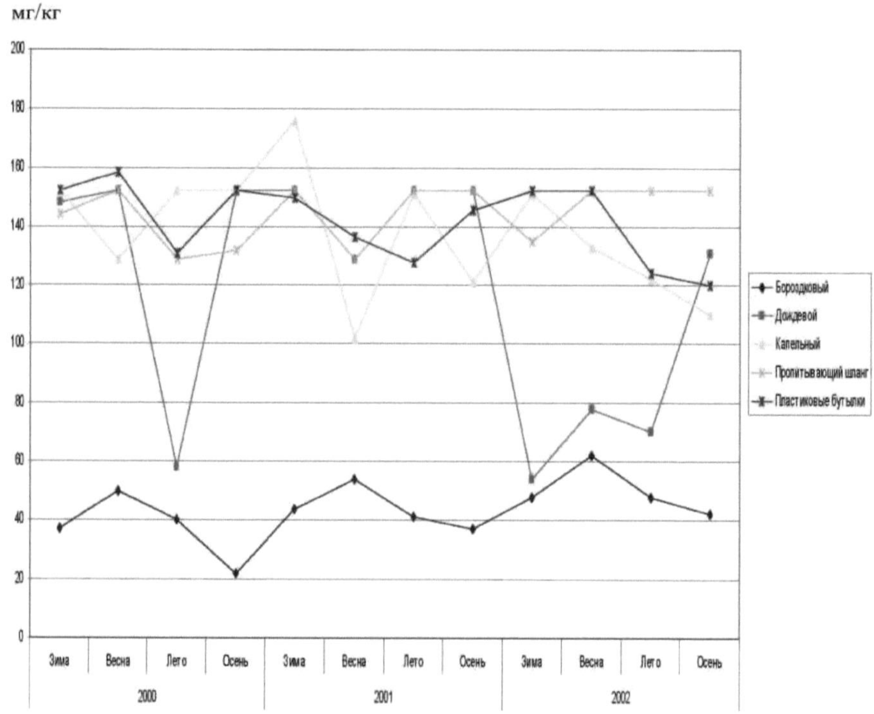

Figura 12: Variações sazonais e anuais do teor de azoto nitrato, na camada de 0-30 cm, sob diferentes métodos de irrigação (mg/kg).

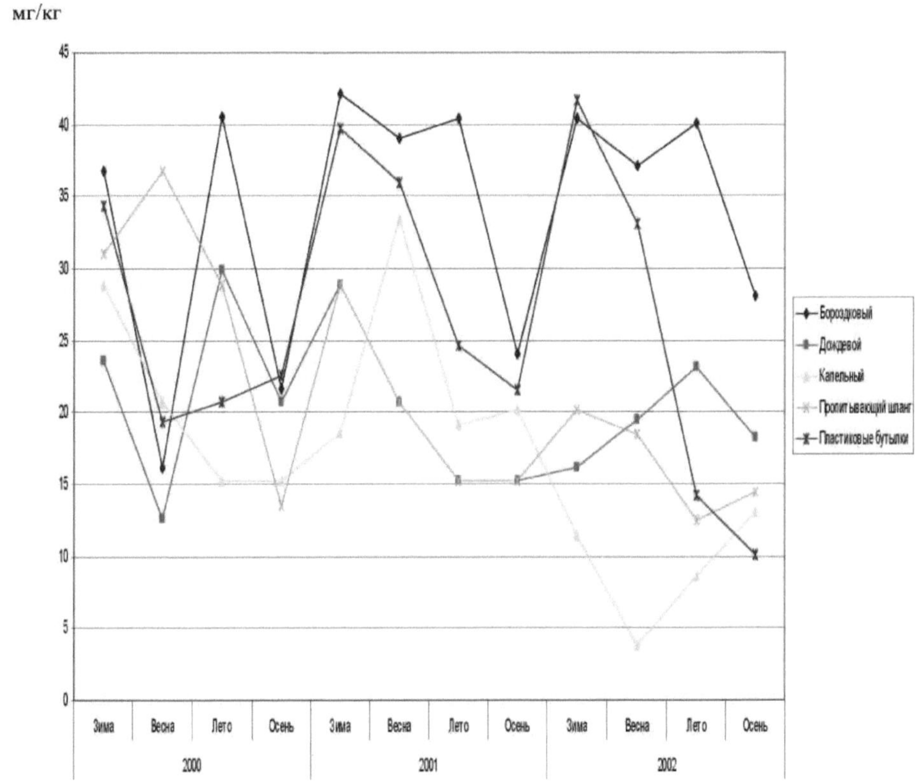

Figura 13: Mudanças sazonais e anuais no conteúdo de fósforo móvel, na camada de 0-30 cm, sob diferentes métodos de irrigação (mg/kg).

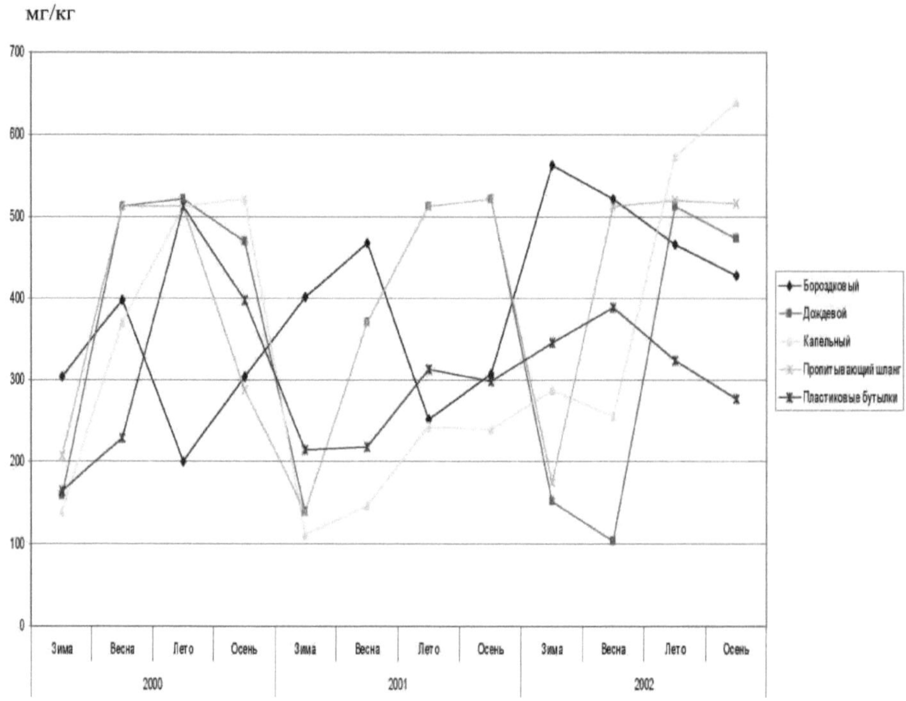

Figura 14: Variações sazonais e anuais do teor de potássio móvel, na camada de 0-30 cm, sob diferentes métodos de irrigação (mg/kg).

MIX
Papier aus verantwortungsvollen Quellen
Paper from responsible sources
FSC® C105338

Printed by Books on Demand GmbH, Norderstedt / Germany